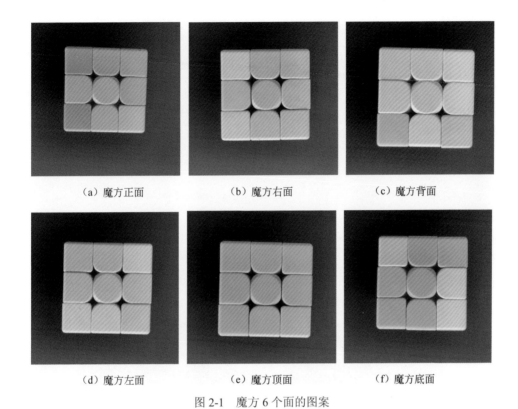

（a）魔方正面　　　　　（b）魔方右面　　　　　（c）魔方背面

（d）魔方左面　　　　　（e）魔方顶面　　　　　（f）魔方底面

图 2-1　魔方 6 个面的图案

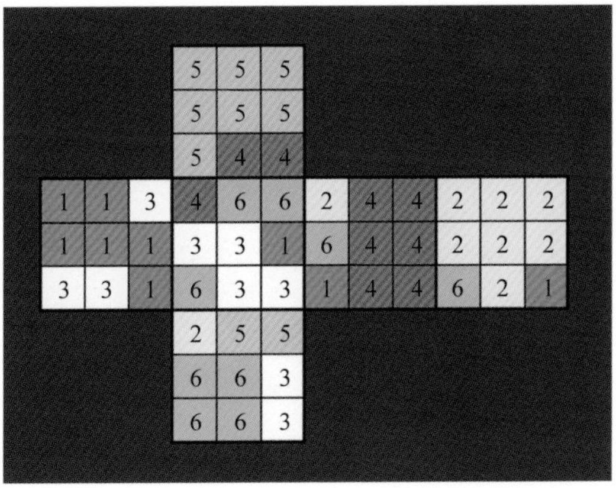

图 2-12　根据识别结果绘制的魔方图案

图 7-7 "义"字交叉部分的角点

（a）1号车牌

（b）2号车牌

（c）3号车牌

图 9-1 用于识别的 3 张车牌

（a）1角硬币 （b）5角硬币

图 10-4 硬币的识别码

（a）成品

（b）半成品

图 11-1 待检测的电子零件

图 12-1　用于识别的银行卡

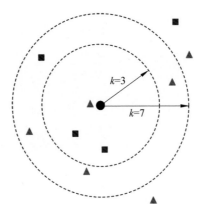

图 15-3　K-近邻算法原理图

计算机技术开发与应用丛书

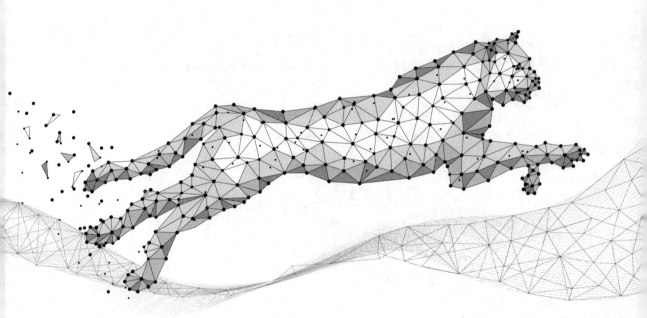

Java+OpenCV
案例佳作选

姚利民 ◎ 著

清华大学出版社

北京

内 容 简 介

本书是与《Java+OpenCV 高效入门》配套的案例集。全书共 15 章，第 1 章是 OpenCV 简介及开发环境的搭建，第 2~15 章是 14 个实用案例（专题），包括魔方图案识别、答题卡评分、围棋盘面识别、停车场车位检测、车道线检测、汉字识别、OCR 文字识别、车牌定位与识别、硬币识别、零件检测、银行卡卡号识别、全景拼接、二维码识别、机器学习等内容。书中的案例均有相当的难度，需要综合运用 OpenCV 的各种算法实现。

本书面向包括高校学生在内的各类 OpenCV 学习者、研究计算机视觉的业余爱好者及需要快速上手的专业人员。

图书在版编目（CIP）数据

Java+OpenCV案例佳作选/姚利民著. —北京：清华大学出版社，2024.2
（计算机技术开发与应用丛书）
ISBN 978-7-302-65669-2

Ⅰ．①J⋯　Ⅱ．①姚⋯　Ⅲ．①JAVA语言—程序设计　Ⅳ．①TP312.8

中国国家版本馆CIP数据核字（2024）第042628号

责任编辑：赵佳霓
封面设计：吴　刚
责任校对：郝美丽
责任印制：沈　露

出版发行：清华大学出版社
　　　　　网　　　　址：https://www.tup.com.cn，https://www.wqxuetang.com
　　　　　地　　　　址：北京清华大学学研大厦 A 座　　　　邮　　编：100084
　　　　　社　总　机：010-83470000　　　　邮　　购：010-62786544
　　　　　投稿与读者服务：010-62776969，c-service@tup.tsinghua.edu.cn
　　　　　质 量 反 馈：010-62772015，zhiliang@tup.tsinghua.edu.cn
　　　　　课 件 下 载：https://www.tup.com.cn,010-83470236
印 装 者：北京嘉实印刷有限公司
经　　销：全国新华书店
开　　本：186mm×240mm　　印　张：15　插页：2　　字　数：343 千字
版　　次：2024 年 3 月第 1 版　　　　　　　　印　次：2024 年 3 月第 1 次印刷
印　　数：1～2000
定　　价：59.00 元

产品编号：100526-01

前 言
PREFACE

OpenCV 是一个跨平台的计算机视觉和机器学习软件库，它实现了图像处理和计算机视觉方面的很多通用算法，是计算机视觉开发人员必须掌握的技术。

笔者的拙作《Java+OpenCV 高效入门》对 OpenCV 中各种算法全面系统地进行了介绍，并给出了 100 多个示例程序，但是，这些示例相对简单，只能实现较为单一的功能。与此不同的是，本书采用项目主导的方式，每个项目都需要综合运用多种算法来完成一项较为复杂的任务。

爱因斯坦曾经说过："兴趣是最好的老师。"笔者最初对 OpenCV 的研究也是兴趣使然，因此，本书选择的大多是"有趣而实用"的项目，例如魔方图案识别、答题卡评分、围棋盘面识别、车牌定位与识别、银行卡卡号识别等。这些项目的实现实际上是将它们拆解成若干功能模块后用 OpenCV 算法各个击破的过程。当然，各个算法之间的衔接也很重要，因为 OpenCV 涉及众多数据结构，A 算法的输出往往并不能直接用于 B 算法的输入，而是需要经过某种转换。这种转换对初学者来讲是一个不小的难点，书中会有相应的说明。

为了便于阅读和理解，本书采用模块化编程，一个功能模块对应一个或多个函数。函数尽量具备通用性，不少函数甚至可以原封不动地搬到其他项目中直接调用。所有这些考虑只有一个目的：帮助读者加深对 OpenCV 的理解，早日进入 OpenCV 项目开发的自由王国。

本书主要内容

本书共 15 章，主要内容如下：

第 1 章介绍 OpenCV 的基础知识及 Java+OpenCV 开发环境的搭建。

第 2 章介绍魔方图案识别中涉及的主要算法及实现步骤。

第 3 章介绍答题卡评分中涉及的主要算法及实现步骤。

第 4 章介绍围棋盘面识别中涉及的主要算法及实现步骤。

第 5 章介绍停车场车位检测中涉及的主要算法及实现步骤。

第 6 章介绍车道线检测中涉及的主要算法及实现步骤。

第 7 章介绍汉字识别中各关键步骤的原理及实现步骤。

第 8 章介绍 Tess4J 这一 OCR 工具的安装、配置及如何利用该工具对英文和中文文字进行识别。

第 9 章介绍车牌定位与识别的主要算法及实现步骤。

第 10 章介绍硬币识别的主要算法及实现步骤。

第 11 章介绍零件检测的主要算法及实现步骤。

第 12 章介绍银行卡卡号识别的主要算法及实现步骤。

第 13 章介绍全景拼接的原理、涉及的主要算法及实现步骤。

第 14 章介绍二维码的基础知识、OpenCV 中相关函数及具体识别过程。

第 15 章介绍 Deeplearning4J 这一深度学习框架,以及如何用机器学习算法实现手写文字的识别。

各章均附有完整的代码供读者学习参考,可扫描目录上方二维码下载。

阅读建议

本书与《Java+OpenCV 高效入门》配套学习效果更佳。对于初学者而言,先阅读《Java+OpenCV 高效入门》的内容将大有裨益。

本书第 1 章总体介绍及开发环境搭建,对这部分比较熟悉的读者可以跳过。后面的章节基本上相互独立,但是最佳阅读顺序仍然是按顺序阅读,原因有二:一是某些案例中有个别步骤是相同的,有关原理在前面章节介绍过之后就不再重复了;二是某些案例要用到之前章节中安装的库,例如第 9 章的车牌定位与识别就需要用到第 8 章介绍的 Tess4J 库,因此,按顺序阅读的效率是最高的。当然,只对某些案例感兴趣的读者也可直接阅读相关章节,当遇到问题时再翻阅前面章节或相关书籍。

致谢

感谢我的家人,感谢你们一直以来对我的理解和支持!

本书的写作得到了清华大学出版社赵佳霓编辑的大力帮助,在此深表感谢!

由于本书涉及内容广泛,加上笔者水平有限,因此难免存在疏漏之处,还请各位读者不吝批评指正。

姚利民

2024 年 1 月

目 录
CONTENTS

本书源码

第 1 章

OpenCV 开发环境搭建

1.1　OpenCV 简介

OpenCV 是 Open Source Computer Vision Library（开源计算机视觉库）的简称，它是一个开源的跨平台的计算机视觉库，支持 Windows、Linux、Android 和 macOS 等操作系统，并具有 C++、Java、Python 和 MATLAB 接口，实现了图像处理和计算机视觉方面的很多通用算法。

OpenCV 诞生于 Intel 研究中心，最初的目的是开发一个可普遍适用的计算机视觉库。2000 年，第 1 个开源版本 OpenCV alpha3 发布，但 OpenCV 1.0 的正式版直到 2006 年才发布，它可以运行在 macOS 和 Linux 平台上，主要提供 C 语言接口。

2009 年，OpenCV 2.0 问世，带来了全新的 C++接口。在 2.x 时代，OpenCV 增加了对 iOS 和 Android 系统的支持，通过 CUDA 和 OpenCL 实现了 GPU 加速，还提供了 Java 和 Python 接口。

2015 年 6 月，OpenCV 3.0 发布。它的发布声明中是这样描述的："它是史上功能最全，速度最快的版本。它还是非常稳定的：在项目期间进行了数千次测试，它还成功地通过了在 Windows、Linux、macOS 及 x64 和 ARM 上的进一步测试"。OpenCV 3.0 还大幅度改进及扩展了 Java 和 Python 绑定并引入了 MATLAB 绑定，同时改进了对 Android 系统的支持。

2018 年 11 月，OpenCV 4.0 正式版发布。OpenCV 4.0 版的一个重要使命是去除 C 语言风格的接口，使其完全支持 C++ 11。它还强化了深度神经网络（DNN）模块，并添加了 G-API 这一新的模块。

OpenCV 的应用领域十分广泛，诸如安保监控、工业检测、医学图像处理、摄像机标定、卫星地图、无人机应用和自动驾驶、军事应用等。本书将通过十多个案例全面地介绍 OpenCV 的各种应用。

1.2　OpenCV 的主要模块

OpenCV 的主要模块及其内容见表 1-1。

表 1-1　OpenCV 的主要模块及其内容

模 块 名 称	中 文 名 称	主 要 内 容
calib3d	相机定标和三维重建模块	基本多视角几何算法；单个立体摄像机标定；物体姿态估计；三维信息重建
core	核心模块	基础数据结构；动态结构；数组操作；辅助功能、系统函数和宏；OpenGL 交互相关
features2d	二维特征框架模块	特征的检测及描述；特征检测器接口；描述符提取器接口；描述符匹配器接口；通用描述符匹配器接口；关键点及匹配功能绘制函数；物体分类
flann	FLANN 模块	快速最近邻搜索库
highgui	高层 GUI 模块	高层图形用户界面
imgCodecs	图像读写模块	图像文件的读写
imgproc	图像处理模块	绘图函数；图像的几何变换；图像转换；图像滤波；直方图相关；结构分析和形状描述；形状检测；模板匹配
ml	机器学习模块	统计模型；贝叶斯分类器；K-近邻；支持向量机；决策树；随机森林；EM；神经网络
objdetect	目标检测模块	对象检测
photo	计算摄影模块	降噪；高范围动态成像；无缝克隆
stitching	图像拼接模块	图像拼接
video	视频分析模块	动作分析；视频追踪
videoio	视频读写模块	视频读写
	其他模块	CUDA 系列，dnn、shape、videostab、world 等

注：部分模块的内容在不同版本之间有所调整，详见 OpenCV 文档。

1.3　OpenCV 开发环境搭建

本书内容是基于 Java 的 OpenCV 开发，其中开发平台采用 Eclipse，涉及的安装文件及版本信息如下：

（1）Java 版本：JDK 1.8.0_11。

（2）开发平台：Eclipse IDE for Java Developers；版本为 Kepler SR2。

（3）OpenCV 版本：OpenCV 4.6.0。

1.3.1　Java 开发环境搭建

本书采用了 Java 的一个较早的版本，下载网址为 https://www.oracle.com/java/technologies/javase/javase8-archive-downloads.html。进入该网页后，找到相应版本并按照操作系统下载相应的版本即可，如图 1-1 所示。下载完成后双击后缀为.exe 的可执行文件即可开始安装。Java 的安装较为简单，按画面提示操作即可顺利安装完成。

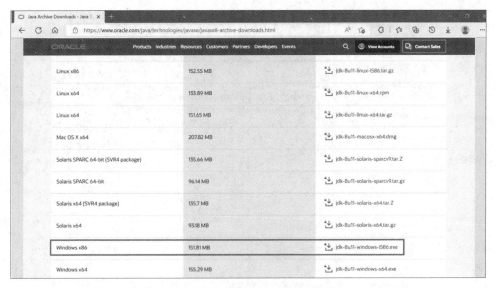

图 1-1　下载 Java 安装文件

本书采用 Eclipse 作为 Java 的开发环境，使用的版本为 Kepler SR2。Eclipse 是一个开源的、基于 Java 的可扩展开发平台，最初是 IBM 投入巨资开发的一个软件产品，2001 年被捐献给开源社区。

Eclipse 最初主要用作 Java 语言开发，通过安装不同的插件它也可以支持其他编程语言，如 C++、Python、COBOL、PHP 等。Eclipse 的插件扩展机制是它最突出的特点，它的设计思想是"一切皆插件"。Eclipse 的各个版本可以到其官网下载，网址为 https://www.eclipse.org/downloads/packages/release。

安装完成后，打开 Eclipse 的 Window→Preferences 菜单选项，可以看到已安装的 JRE 信息，如图 1-2 所示。

1.3.2　OpenCV 的下载和安装

OpenCV 的各个版本可到其官方网站下载，网址为 https://opencv.org/releases/。本书采用 OpenCV 4.6.0 版本，安装包的文件名为 opencv-4.6.0-vc14_vc15.exe。下载完成后双击该文件后将开始自解压过程，解压完成后是一个名为 opencv 的文件夹。OpenCV 不需要特别安装，只需将此文件夹移动到安装路径，本书示例的安装路径为 D:\Program\Tools\OpenCV4.6，OpenCV 的配置将在 Eclipse 中完成。

1.3.3　OpenCV 的配置

在 Eclipse 中配置 OpenCV 的过程如下：

（1）选择菜单栏的 Windows→Preferences 选项，在弹出的对话框中选择 Java→Build Path →User Libraries 选项后会出现如图 1-3 所示的画面。

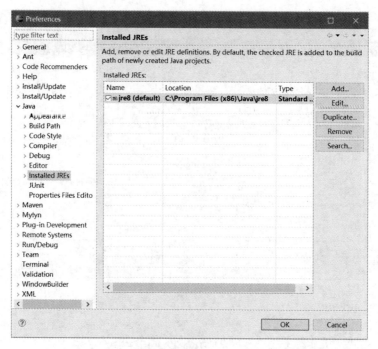

图 1-2　JRE 安装信息

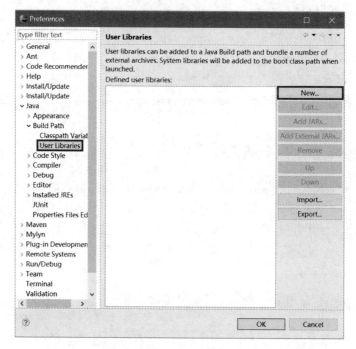

图 1-3　在 Eclipse 中添加用户库

（2）单击右侧的 New 按钮，会弹出如图 1-4 所示的窗口，将用户库命名为 OpenCV4.6.0。

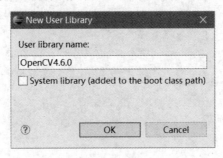

图 1-4　用户库命名

（3）确认无误后单击 OK 按钮，此时 Defined user libraries（已定义用户库）中会出现刚才添加的 OpenCV4.6.0，如图 1-5 所示。

图 1-5　OpenCV 用户库添加后

（4）单击选中这个新加的库，然后单击右侧的 Add External JARs 按钮，将弹出一个选择 JAR 文件的对话框。导航到 OpenCV 安装路径下的\build\java\（本书示例路径为 D:\Program\Tools\OpenCV4.6\build\java\），选中下面的 opencv-460.jar 文件，如图 1-6 所示。

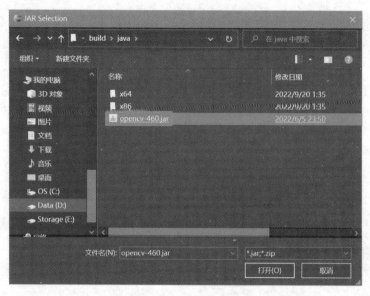

图 1-6　选择 JAR 文件

（5）单击"打开"按钮后，画面会回到 Preferences 对话框。选中其中的 Native library location：(None)，然后单击右侧的 Edit 按钮，如图 1-7 所示。

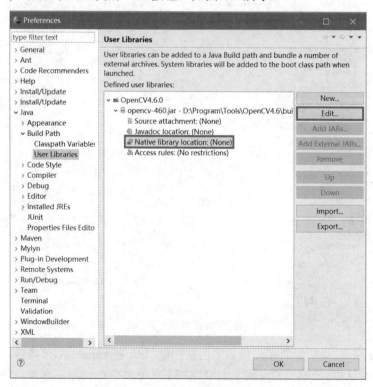

图 1-7　OpenCV 用户库中的设置

（6）在弹出的窗口中单击右侧的 External Folder 按钮，选择 opencv-460.jar 所在目录下的 x64（如安装的是 64 位版本）或 x86（如安装的是 32 位版本）文件夹，然后单击 OK 按钮回到 Preferences 对话框，此时 Native library location 中的路径已经变成设置好的路径。

（7）单击 OK 按钮结束 OpenCV 的配置。

1.3.4　测试程序

为了检验 OpenCV 的安装和配置是否正确，需要用一个测试程序来验证。验证过程分为以下几步。

1. 新建 Java 项目

选择菜单栏的 File→New→Java Project 选项，新建一个名为 Examples 的 Java 项目。完成后 Eclipse 左侧的 Package Explorer 中将新增 Examples 这一项目，展开后其下有 src 和 JRE System Library 两个子项，如图 1-8 所示。

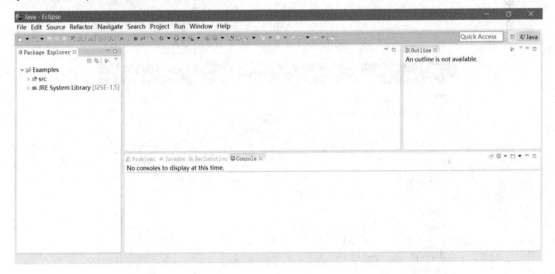

图 1-8　新建 Java 项目后

2. 添加 OpenCV 库

选中 Examples 项目，右击弹出快捷菜单，选择 Build Path→Add Libraries 选项，在弹出的窗中选中 User Library（用户库），如图 1-9（a）所示。

单击 Next 按钮后，在弹出的窗口中应有前面添加的 OpenCV4.6.0，如图 1-9（b）所示。

勾选 OpenCV4.6.0 后单击 Finish 按钮完成设置。添加完成后，Examples 项下会多出一项 OpenCV4.6.0。

3. 新建一个 Java 类

选中 Package Explorer 中的 Examples 项目后右击弹出快捷菜单，选择 New→Class 选项创建一个新的类 Test，如图 1-10 所示，然后单击 Finish 按钮完成创建。

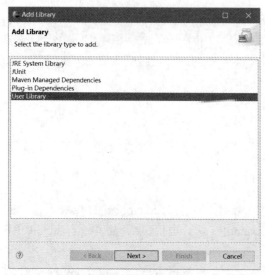
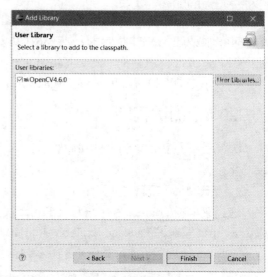

（a）选择库的类型 　　　　　　　　　　　　　（b）勾选 OpenCV4.6.0

图 1-9　在 Examples 项目中添加 OpenCV 库

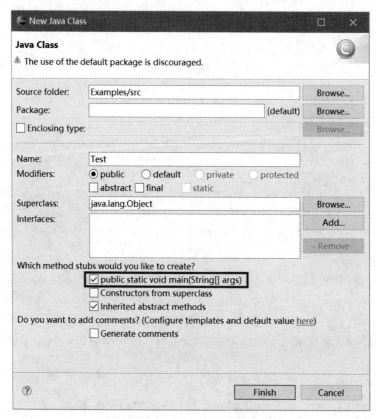

图 1-10　新建 Java 类

4. 输入 Java 程序

在"代码编辑器"中输入一段简单的程序，代码如下：

```
//第1章/Test.java

import org.opencv.core.*;

public class Test{
    public static void main( String[] args ) {
        System.loadLibrary( Core.NATIVE_LIBRARY_NAME );
        Mat m = Mat.zeros( 2, 3, CvType.CV_8UC1 );
        System.out.println(m.dump());
    }
}
```

5. 运行程序

选择菜单栏的 Run→Run 选项（快捷键 Ctrl+F11）运行程序，如果在"控制台"出现如图 1-11 所示的两行数据，则表示程序运行成功，也证明 OpenCV 的安装和配置没有问题。

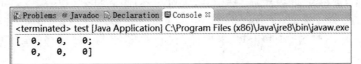

图 1-11　程序运行后控制台显示的画面

测试程序运行成功标志着 OpenCV 开发环境搭建完成，接下来可以进入项目开发环节。

魔方图案识别

2.1 概述

魔方是一种深受人们喜爱的益智玩具。自从匈牙利人厄尔诺·鲁比克于 1974 年发明了魔方后，它就迅速风靡全球且长盛不衰，成为最受欢迎的智力游戏之一。

魔方的种类繁多，除了最常见的正阶魔方外，还有镜面魔方、金字塔魔方、五魔方等异型魔方。正阶魔方就是我们日常接触最多的魔方，具体又可以分为二阶、三阶、四阶、五阶等。目前最高阶的魔方是 2017 年问世的 33 阶魔方。据报道，这个 33 阶魔方是魔方爱好者 Pfennig 设计的，由 6153 个构件组成，零件使用 3D 打印技术打印而成，售价更是高达 15 200 欧元。

随着人工智能技术的发展，市场上已经出现了解魔方机器人。只要将一个打乱的魔方放入机器中，数秒之内机器人就会将魔方还原，其速度之快、动作之精准令人叹为观止。

解魔方机器人的原理其实并不复杂，大体可以分为以下 4 步。

（1）用摄像头等设备获取魔方各面的图案。

（2）用计算机视觉技术识别出魔方的图案。

（3）用解魔方算法计算出具体的还原步骤。

（4）用单片机操控机械部件将魔方还原。

本案例要解决的是其中的第（2）步。

2.1.1 案例描述

本案例使用的图像是一个三阶魔方六个面的照片（大小均为 600×600 像素），如图 2-1 所示。为了对各面的图案进行识别，这些照片必须是彩色图像。6 张照片的文件名为 Cube1.png、Cube2.png、…、Cube6.png，分别代表魔方的正面、右面、背面、左面、顶面和底面。图中魔方的 6 个面都大致呈水平状态，6 个面的定义如图 2-2（a）所示。

魔方每个面都由 9 个色块组成，这 9 个色块统一编号为 1~9 号，其中上层为 1~3 号，中层为 4~6 号，下层为 7~9 号，如图 2-2（b）所示。为了避免混淆，每个面的上下都有固定定义，例如顶面中与正面相邻的 3 个色块是下层，编号为 7~9；底面中与正面相邻的 3 个色块

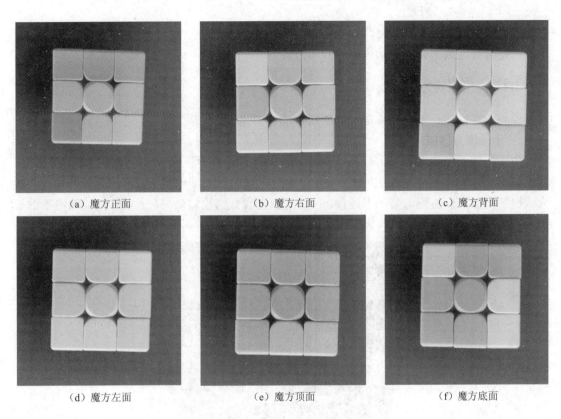

(a) 魔方正面　　　　　　　(b) 魔方右面　　　　　　　(c) 魔方背面

(d) 魔方左面　　　　　　　(e) 魔方顶面　　　　　　　(f) 魔方底面

图 2-1　魔方 6 个面的图案

是上层，编号为 1~3。魔方照片中的 6 个面已经按照此定义排列，不需要再做调整。

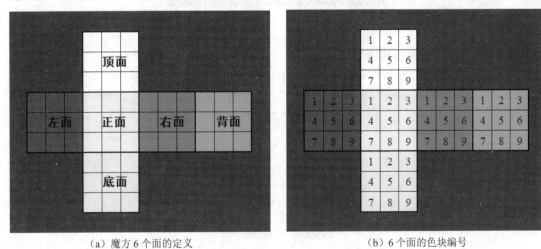

(a) 魔方 6 个面的定义　　　　　　　　　　(b) 6 个面的色块编号

图 2-2　魔方的具体定义

目前市场上魔方的配色方案千差万别，有的魔方 6 种颜色之间差别较大，很容易识别；

也有的魔方某些颜色比较接近，即使是肉眼观察也容易混淆。为了检验在本案例中算法的普适性，笔者特地选用了一款颜色容易混淆的魔方。

2.1.2 案例分析

根据上述描述，可将魔方图案的识别分成以下几步。

1. 定位魔方区域

由于每幅图像中魔方只占据了中央部分，因此首先需要将魔方区域从图像中分离出来，如图 2-3 所示。魔方的 4 条边大致呈直线，因此可以用霍夫线检测获取魔方区域的边界。霍夫线检测需要在二值图的基础上进行，而为了获得较好的检测效果，需要输入较为清晰的边缘图像，Canny 算法是较为理想的选择。

图 2-3　分离出的魔方区域

2. 将魔方区域调整成正方形

由于分离出的边框会有所倾斜及变形，所以需要将其调整成如图 2-4 所示的正方形。为了便于后期计算，调整后的大小设定为 300×300 像素，此过程可以通过透视变换实现。

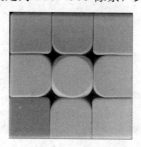

图 2-4　调整后的魔方图像

3. 识别 9 个色块的颜色

第 2 步已将魔方区域调整成 300×300 像素，每个色块为 100×100 像素，但是每个色块的边缘部分有一些棱角或阴影，与整体颜色差异较大。如果把这部分也包括进去，则会影响识别效果，因此每个色块不能取 100×100 像素，而只能取中央颜色比较均匀的部分。

颜色识别可以通过 HSV 颜色空间实现，因为 HSV 颜色空间将颜色分解成色调（Hue）、饱和度（Saturation）和明度（Value），用这种方式描述颜色更自然、更符合人的直观感觉，但是这种方式也有缺陷，某些相近的颜色其色调值会非常接近，从而影响判断，例如蓝色和绿色，此时就需要通过 RGB 颜色空间来辅助判断了。

此外，每个色块都由上万像素组成，这些像素之间的颜色也会有所差异。某个色块是何种颜色只能根据这些像素的均值来判断，但是，如果同一色块的不同像素之间差异过大，则即使用均值判断也是不准确的，此时需要引进标准差这一概念。具体方法是在程序中设定一个阈值，如果标准差大于阈值，则认为该色块色彩异常，当然这也意味着颜色识别失败。

4. 色彩归类

经过颜色识别后每个色块可以得到一种颜色值，接下来需要将所有 54 个色块颜色值归为 6 类。归类成功后可以用不同颜色将魔方的图案绘制出来。

2.2 总体设计

2.2.1 系统需求

本案例只需 OpenCV，不需要任何第三方库。

2.2.2 总体思路及流程

根据上述分析，本案例的总体流程如下：
（1）Canny 边缘检测。
（2）霍夫线检测。
（3）确定魔方的 4 个顶点。
（4）透视变换。
（5）颜色识别。
（6）颜色值分类。
接下来将用代码分步实现这些功能。

2.3 魔方图案识别的实现

总体思路确定后将进入编程工作。为了便于理解和讲解，本书将每个案例分解成多个模块，每个步骤可能对应一个或多个模块。

2.3.1　Canny 边缘检测

如前所述，为了获得较好的边缘图像，Canny 算法是较为理想的选择。

Canny 算法由 John F. Canny 于 1986 年提出，时至今日仍然被很多人推崇为最优的边缘检测算法。Canny 算法的原理较为复杂，需要经过平滑降噪、梯度计算、非极大值抑制、双阈值处理等步骤，不过经过 OpenCV 封装后其调用非常简单。

OpenCV 中 Canny 边缘检测的函数原型如下：

```
void Imgproc.Canny(Mat image, Mat edges, double threshold1, double threshold2,
int apertureSize)
```
函数用途：用 Canny 算法进行边缘检测。

【参数说明】

(1) image：8 位输入图像。

(2) edges：输出的边缘图像，必须是 8 位单通道图像，尺寸与输入图像相同。

(3) threshold1：阈值 1。

(4) threshold2：阈值 2。threshold1 和 threshold2 谁大谁小没有规定，系统会自动选择较大值为 maxVal，较小值为 minVal。

(5) apertureSize：Sobel 算子的尺寸。

在本案例中调用 Canny 算法的代码在 colorOneSide()函数中，相关代码如下：

```
Mat grey = new Mat();
Mat canny = new Mat();
Imgproc.cvtColor(src, grey, Imgproc.COLOR_BGR2GRAY);
Imgproc.Canny(grey, canny, 50, 200, 3, false);
```

上述代码先将输入的彩色图像 src 转换成灰度图，然后调用 Canny()函数生成边缘图像。经过 Canny 边缘检测后生成的（正面）图像如图 2-5 所示。图像中的边缘清晰、干净，质量较高，甚至能清楚地看到 9 个色块的轮廓，当然也有些许干扰线。

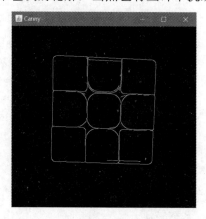

图 2-5　Canny 边缘检测后（魔方正面）

2.3.2　霍夫线检测

根据 Canny 算法生成的边缘图像就能进行霍夫线检测了。霍夫线检测有标准霍夫变换和概率霍夫变换两种,本案例将采用标准霍夫变换,因为概率霍夫变换只选取部分点集进行直线检测,会遗漏部分线条。标准霍夫变换和概率霍夫变换的详细介绍和对比可参照笔者的拙作《Java+OpenCV 高效入门》。

霍夫线检测先将笛卡儿坐标系中的点集映射到霍夫空间中,然后对霍夫空间中的直线相交次数进行投票以进行直线检测。

在笛卡儿坐标系统下,一条直线可以用斜率 k 和截距 q 表示,其公式如下:

$$y=kx+q \qquad (2\text{-}1)$$

但是此方法有一个缺陷:当直线平行于 y 轴时斜率为无穷大,无法用数字表示。为了解决这个问题,霍夫变换中采用极坐标来表示一条直线。

在极坐标系中,任何直线都可用 ρ 和 θ 两个参数表示,公式如下:

$$\rho = x\cos\theta + y\sin\theta \qquad (2\text{-}2)$$

其中,ρ 为原点到直线的垂直距离,θ 为直线垂线与 x 轴的夹角,如图 2-6 所示。

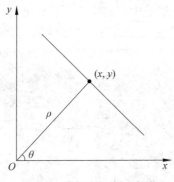

图 2-6　用极坐标表示直线

上述概念对霍夫变换非常重要,只有理解了极坐标的概念才能正确地调用 OpenCV 中的标准霍夫变换函数。该函数的原型如下:

```
void Imgproc.HoughLines(Mat image, Mat lines, double rho, double theta, int
threshold)
```
函数用途:用标准霍夫变换在二值图像中寻找直线。

【参数说明】
(1) image:8 位单通道二值图像。
(2) lines:检测到的直线(二维数组),每条直线由 ρ 和 θ 表示。
(3) rho:累加器中距离的精度,单位为像素。
(4) theta:累加器中角度的精度,单位为弧度。
(5) threshold:累加器中的阈值参数,只有获得足够多投票的直线才出现在结果集中。

在本案例中霍夫线检测的代码见 getLines()函数，相关代码如下：

```
Mat lines = new Mat();
Imgproc.HoughLines(canny, lines, 2, Math.PI / 180 * 2, 150);
```

该函数先对 Canny 边缘图像进行霍夫线检测，然后将结果转换为一个二维数组便于后续处理。

将检测出的直线绘制出来可以用 drawLines()函数实现，该函数只是调用了绘制 1 条直线的 drawOneLine()函数，而其中调用的 newPoint()函数需要说明一下，该函数的声明行如下：

```
public static Point newPoint(double x0, double y0, double len, double theta)
```

该函数在经过点（x0，y0）、角度为 theta 的直线上找到一个点，其 x 坐标或 y 坐标等于指定值 len，具体视直线为水平方向还是垂直方向而定。除了用来绘图外，该函数还将在确定魔方最外侧的直线时发挥作用。届时，参数 len 将被设为 300，即整个图像的中间位置。如果 x 坐标等于 300，则 y 坐标将用于判断是否是魔方的外框线（水平方向）；如果 y 坐标等于 300，则 x 坐标将用于判断是否是魔方的外框线（垂直方向）。

经标准霍夫变换算法检测出的直线如图 2-7 所示。可以看出，有的位置存在几条非常接近的直线，只是角度略有不同。这是由霍夫线检测的原理决定的，即使调整参数也不能完全杜绝这种情况。不过出现这种情况也无须担心，后续代码会巧妙地处理这些重复的线条。

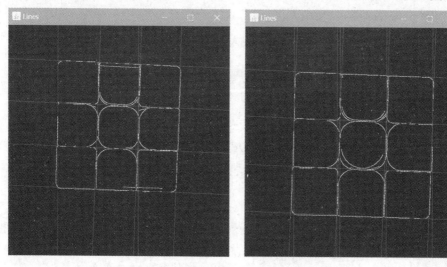

图 2-7　标准霍夫变换算法检测出的直线

2.3.3　确定顶点

接下来就要从检测出的直线中确定哪些是构成魔方外框的直线，哪些不是。程序中用 minMax()函数来完成这一任务。

在本案例中直线的方向并不具备实际意义，例如 15°和 165°的直线并无区别，因此所有角度被转换成 90°以下以便于比较。接下来调用 newPoint()函数以获取中点的坐标位置。如果直线是水平方向的，则 x 坐标被定位于 300 处，比较 y 坐标就可确定最外侧的两条线：y 值最小时为上边框，最大时为下边框。比较复杂的情况是，穿过边框的直线可能有数条近似线，此时似乎取平均值较为稳妥。不过，由于此种情况下几条直线的 y 值差异很小，取任意一条都不会影响随后的处理，因此这种情况可以忽略。

代码中 minMax()函数需要返回两个值，一个是最大值时的直线编号，另一个是最小值时的编号。为了同时返回两个值，函数借用了 Point 类，其 x 坐标代表最小值的编号，y 坐标代表最大值的编号。

获得边框线后还需要计算出魔方的 4 个顶点才能进行透视变换。计算顶点的方法较多，最容易想到的是先列出两条直线的方程然后求解方程组。这种传统方法固然可行，不过此案例中采用了 OpenCV 中特有的模板匹配算法，既简单又直观。

模板匹配是指在一幅图像中寻找与另一幅模板图像最匹配（相似）区域。所谓模板，就是用来比对的图像，如图 2-8 所示，图中左侧为待匹配的图像，中间的小图为模板图像，右侧为匹配结果。

图 2-8　模板匹配示意图

OpenCV 中模板匹配的函数原型如下：

```
void Imgproc.matchTemplate(Mat image, Mat templ, Mat result, int method)
```
函数用途：在图像中寻找与模板匹配的区域。

【参数说明】
(1) image：待匹配图像，要求是 8 位或 32 位浮点图像。
(2) templ：模板图像，其数据类型与待匹配图像相同，并且尺寸不能大于待匹配图像。
(3) result：输出的匹配图，必须是 32 位浮点图像。如果待匹配图像的尺寸为 $W\times H$，模板图像的尺寸为 $w\times h$，则输出图像尺寸为 $(W-w+1)\times(H-h+1)$。
(4) method：匹配方法，可选参数如下。
◆ Imgproc.TM_SQDIFF：平方差匹配法。完全匹配时计算值为 0，匹配度越低数值越大。
◆ Imgproc.TM_SQDIFF_NORMED：归一化平方差匹配法。将平方差匹配法归一化到 0~1。
◆ Imgproc.TM_CCORR：相关匹配法。0 为最差匹配，数值越大匹配效果越好。
◆ Imgproc.TM_CCORR_NORMED：归一化相关匹配法。将相关匹配法归一化到 0~1。

◆ Imgproc.TM_CCOEFF：系数匹配法。数值越大匹配度越高，数值越小匹配度越低。
◆ Imgproc.TM_CCOEFF_NORMED：归一化系数匹配法。将系数匹配法归一化到-1~1，1表示完全
匹配，-1表示完全不匹配。

上述 matchTemplate()函数只是用于计算各个区域的匹配度，要得到最佳匹配位置还需要
用 minMaxLoc()函数来确定。该函数的原型如下：

MinMaxLocResult Core.minMaxLoc(Mat src)
函数用途：寻找矩阵中的最大值和最小值及在矩阵中的位置。

【参数说明】
src：输入矩阵，必须是单通道。

有了上面的基础知识之后，就不难用模板匹配的方法求得直线的交点了。首先在黑色背
景上用白色绘制这两条直线，它们相交处是一个十字，如图 2-9（a）所示，然后设置如
图 2-9（b）所示的模板图像，匹配点的坐标不就是交叉点吗？图 2-9（b）中的模板图像是放
大后的图像，实际上只有 49（7×7）像素，图中每一小格代表一像素。

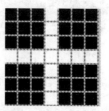

（a）两条白色直线的相交处　　　　　　　　　（b）放大后的模板图像

图 2-9　调整后的魔方图像

用模板匹配获取交叉点的代码见 getCross()函数。该函数先绘制两条直线，然后读取模
板图像并进行模板匹配，最后获得的匹配位置即交叉点的坐标。代码相当简单明了，甚至不
需要列出直线的方程。可见，有时通过 OpenCV 的方法来解决传统问题能达到事半功倍的效
果，在后续章节中还会遇到类似的解决方法。

2.3.4　透视变换

确定魔方的 4 个顶点之后，还需要将魔方区域转换成正方形，这可以通过透视变换实现。
透视变换是利用投影成像的原理将物体重新投射到另一个成像平面，如图 2-10 所示。

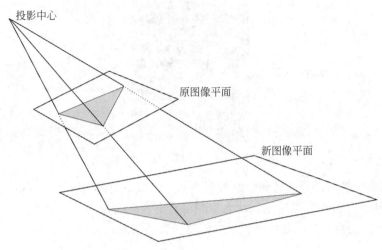

投影中心

原图像平面

新图像平面

图 2-10 透视变换示意图

在 OpenCV 中实现透视变换分两步，第 1 步是通过 getPerspectiveTransform()函数来计算透视变换矩阵，第 2 步是通过 warpPerspective()函数实现透视变换。

用于计算透视变换矩阵的函数原型如下：

```
Mat Imgproc.getPerspectiveTransform(Mat src, Mat dst)
函数用途：根据 4 对对应的点计算透视变换的矩阵。
```

【参数说明】
(1) src：原图像中的 4 个点的坐标。
(2) dst：原图像中 4 个点在目标图像中对应的坐标。

用于实现透视变换的函数原型如下：

```
void Imgproc.warpPerspective(Mat src, Mat dst, Mat M, Size dsize)
函数用途：对图像进行透视变换。
```

【参数说明】
(1) src：输入图像。
(2) dst：输出图像，尺寸和 dsize 一致，数据类型与 src 相同。
(3) M：3*3 的变换矩阵。
(4) dsize：输出图像的尺寸。

为了计算方便，透视变换后的图像设定为 300×300 大小，每个色块都是 100×100 大小的正方形，相关代码见 perspTransform()函数。这段代码几乎是透视变换的标准版本，首先定义原图像中的 4 个点，然后定义它们在目标图像中对应的坐标，接着调用 getPerspectiveTransform()函数获取转换矩阵，最后调用 warpPerspective()函数获得透视变换后的图像，生成的图像如图 2-11 所示。透视变换非常有用，本书中多数案例都会用到。

图 2-11　透视变换后图像（正面）

在进行透视变换时，要注意参数的数据类型，例如原图像中的 4 个点和目标图像中的 4 个点都要用 MatOfPoint2f 类传递，从名称即可看出该类的数据类型为浮点类。该类可以从 Point 类的数组转换而来，需要注意代码中构造函数的用法。

2.3.5　颜色识别

透视变换后的图像可直接用于颜色识别。如前所述，在本案例中将结合 HSV 颜色空间和 RGB 颜色空间进行识别。由于每个色块周边都有一些干扰色，因此代码中会在每个色块中截取中央区域的 60×60 像素用于识别。

蓝色和绿色在 HSV 中的色调值非常接近，容易造成混淆，因此程序中对这两种颜色进行了特别处理，相关代码见 isBlueOrGreen()函数。该函数将颜色分成蓝色、绿色和其他色 3 大类，其中蓝色和绿色用 RGB 值进行判断，其余颜色通过 HSV 颜色空间中的色调值判断。

获取颜色值的代码见 getColor()函数。该函数首先从输入图像中取出 60×60 大小的子区域，其中调用了 submat()函数产生一个子矩阵。如果原图像非常大而我们只对图像中的一个区域感兴趣，则可以通过子矩阵来处理。子矩阵是指矩阵的一个子区域，可以像矩阵一样进行处理，但是对子矩阵的任何修改都会同时影响原来的矩阵。为了避免产生预料之外的结果，代码中将子矩阵复制到矩阵 sub 内，后续操作都是通过 sub 实现的，这样可以避免不必要的麻烦。

为了将 RGB 图像转换成 HSV 颜色空间，函数中调用了 cvtColor()函数，该函数可以将图像在 RGB、HSV、YUV、Lab 等众多的颜色空间之间进行转换，同时还能将彩色图像转换成灰度图或将灰度图转换成彩色图像（原有颜色不变但通道数变了）。在 OpenCV 中处理颜色需要注意 RGB 和 BGR 是不同的，主要区别是 3 个通道的排列方式不同。在 OpenCV 中默认采用 BGR 方式排列，即 3 个通道值按照蓝色、绿色、红色的顺序排列。根据需要也可以通过 cvtColor()函数在 RGB 和 BGR 之间转换。

HSV 颜色空间是一种更加符合人类感知颜色的方式，不同颜色有着不同的色调值（H 值），通常用角度度量，取值范围为 0°～360°，其中红色为 0°，黄色为 60°，绿色为 120°，青色为 180°，蓝色为 240°，紫色为 300°。

由于 OpenCV 中常用的 8 位图像取值范围为 0～255，OpenCV 中将色调值范围设定为

0～180 以适应此范围，因此上述颜色的角度值在 OpenCV 中需要除以 2。例如，在后面的程序中将会看到，魔方中黄色的色调值在 30 附近，紫色的色调值则接近 150。

在上述代码中除了处理颜色之外，还用到了获取像素均值和标准差的两个函数：mean() 函数和 meanStdDev() 函数。顾名思义，mean() 函数获取的是均值，meanStdDev() 函数则用于获取均值和标准差。相对来讲，调用 mean() 函数更为方便一些，它直接返回一个 Scalar 对象，代表蓝色、绿色和红色通道的平均值；meanStdDev() 函数则返回两个 MatOfDouble 对象，从名称即可看出，它们的数据类型是双精度浮点数。代码中首先根据标准差进行筛选，如果标准差超过 30，则认为颜色不均匀，当然这只是一种谨慎的做法，在本案例中并未出现这种情况。

经过上述步骤后，魔方的 6 个面中任意一面都可以识别出 9 种颜色值，colorOneSide() 函数将以上过程连接起来。至此，颜色识别的过程已经完成，接下来需要将颜色值分成 6 类，对应魔方的 6 种颜色。

2.3.6　颜色值分类

经过上述步骤后魔方的每面都产生了 9 种颜色值，6 面一共有 54 个数字。这些数字大小各异，接下来需要对相近颜色进行归类，产生 6 种颜色。在本案例中采用比较简单的分类方法，即先对这 54 个数字进行排序，然后从小到大每 9 个为一组，最后根据颜色的分类判断颜色识别是否成功。

在本案例中得出的 6 面的颜色值（每行代表一面）如下：

```
168, 400, 400, 88, 88, 7, 400, 87, 88,
34, 154, 157, 400, 156, 157, 4, 160, 157,
39, 43, 44, 39, 46, 48, 400, 46, 16,
5, 5, 92, 6, 8, 7, 92, 91, 7,
300, 300, 300, 300, 300, 300, 300, 167, 167,
29, 300, 300, 400, 400, 96, 400, 400, 95
```

经过排序后得出 6 种颜色区域如下：

```
4, 5, 5, 6, 7, 7, 7, 8, 16,
29, 34, 39, 39, 43, 44, 46, 46, 48,
87, 88, 88, 88, 91, 92, 92, 95, 96,
154, 156, 157, 157, 157, 160, 167, 167, 168,
300, 300, 300, 300, 300, 300, 300, 300, 300,
400, 400, 400, 400, 400, 400, 400, 400, 400
```

上述数字中 300 代表蓝色，400 代表绿色，其余值代表每一色块颜色的色调值。不难看出，相邻两行之间均有较大的安全距离。

判断识别是否成功最终将通过识别的颜色与实际颜色对比确定，不过在此之前需要用程序做一个初步的判断。在本案例中设定如下识别失败的标准：

（1）如果 54 个数字中存在无法判断的颜色（返回颜色值=999），则判定为失败。

（2）如果相邻两行的颜色值安全距离过小，则判定为失败。由于所有颜色值最后都是从小到大排列的，因此如果上一行的最后一种颜色值和下一行的第 1 种颜色值差值过小，则认为这两行的颜色值无法区分。

如果未出现上述情况，则认为识别成功。该部分代码见 IsSuccess()函数。

2.3.7　颜色匹配

识别成功后，还需要对魔方的 6 个面的 54 个色块进行配色，程序中用 matchColor()函数实现。配色以后的结果将存储在 all 数组中，这是一个有着 54 个元素的数组，程序最后将输出这个数组，具体如下：

```
4, 6, 6, 3, 3, 1, 6, 3, 3,
2, 4, 4, 6, 4, 4, 1, 4, 4,
2, 2, 2, 2, 2, 2, 6, 2, 1,
1, 1, 3, 1, 1, 1, 3, 3, 1,
5, 5, 5, 5, 5, 5, 5, 4, 4,
2, 5, 5, 6, 6, 3, 6, 6, 3
```

根据这些数字绘制成的魔方图案如图 2-12 所示，图中每个数字代表一种颜色。

图 2-12　根据识别结果绘制的魔方图案

如果将此图与图 2-1 进行对比，则可以发现颜色识别无误。当然，配色也可以根据程序中 all 数组中的色调值自动生成，有兴趣的读者可以自己实现。

2.4　完整代码

最后，给出本案例的完整代码：

```
//第 2 章/MagicCube.java

import java.util.*;
import org.opencv.core.*;
import org.opencv.highgui.HighGui;
import org.opencv.imgcodecs.Imgcodecs;
import org.opencv.imgproc.Imgproc;

public class MagicCube {
    public static void main(String[] args) {
        System.loadLibrary(Core.NATIVE_LIBRARY_NAME);

        //检测 6 个面共 54 个色块的颜色值
        int [] all = new int[54];
        for (int n = 1; n < 7; n++) {
            int [] c = colorOneSide(n);
            for (int i = 0; i < 9; i++) {
                all[n*9+i-9] = c[i];
            }
        }

        //对颜色值进行排序并判断识别是否成功
        int [] sort = Arrays.copyOf(all, 54);
        Arrays.sort(sort);
        boolean result = IsSuccess(sort);

        //输出识别结果
        if (!result) {   //识别失败
            System.out.println("颜色识别失败!");
        } else {
            for (int n = 0; n < 54; n++) {
                int cType = matchColor(sort, all[n]);
                all[n] =cType;
            }
            System.out.println("颜色识别结果如下：");
            System.out.println(Arrays.toString(all));
        }
        System.exit(0);
    }



    public static double[][] getLines(Mat canny) {
        //霍夫线检测
```

```java
        Mat lines = new Mat();
        Imgproc.HoughLines(canny, lines, 2, Math.PI / 180 * 2, 150);

        //检测结果以数组返回
        int num = lines.rows();
        double data[][] = new double[num][3];
        for (int n = 0; n < num; n++) {
            double rho = lines.get(n, 0)[0];        //极坐标中的ρ
            double theta = lines.get(n, 0)[1];      //极坐标中的θ
            data[n][0] = theta;
            data[n][1] = Math.cos(theta) * rho;   //x0
            data[n][2] = Math.sin(theta) * rho;   //y0
        }
        return data;
    }

    public static Point newPoint(double x0, double y0, double len, double theta){
        double cos = Math.cos(theta);
        double sin = Math.sin(theta);
        double x, y;
        if (Math.abs(cos) < Math.abs(sin)) {
            x = len;
            y = y0 - cos / sin * (len - x0);
        } else {
            x = x0 - sin / cos * (len - y0);
            y = len;
        }
        Point pt = new Point(x, y);
        return pt;
    }

    public static void drawOneLine(double[][] data, int n, Mat mat,
            Scalar scalar) {
        Point pt1 = newPoint(data[n][1], data[n][2], 600, data[n][0]);
        Point pt2 = newPoint(data[n][1], data[n][2], -600, data[n][0]);
        Imgproc.line(mat, pt1, pt2, scalar, 1);
    }

    public static void drawLines(double[][] data, Mat canny) {
        //绘制霍夫线检测结果并在屏幕上显示
        Mat dst = new Mat();
        int num = data.length;
        Imgproc.cvtColor(canny, dst, Imgproc.COLOR_GRAY2BGR);
```

```
        for (int n = 0; n < num; n++) {
            drawOneLine(data, n, dst, new Scalar(0, 0, 255));
        }
        HighGui.imshow("Lines", dst);
        HighGui.waitKey(0);
    }

public static Point minMax(double[][] data, double ang) {
    Point pt = new Point(0, 0); //借用 Point 类型
    double min = 1000;
    double max = 0;
    double co;
    for (int n = 0; n < data.length; n++) {
    //将弧度转换成角度
        double theta = data[n][0];
        double angle = theta / Math.PI * 180;
        if (angle > 90) {
            angle = 180 - angle;
        }

        //根据角度筛选后获取最大值和最小值
        if (Math.abs(angle - ang) < 5) {
            Point mid = newPoint(data[n][1], data[n][2], 300, data[n][0]);
            if (ang > 45) //水平方向
                co = mid.y;
            else
                co = mid.x;
            if (co < min) {
                min = co;
                pt.x = n;
            }
            if (co > max) {
                max = co;
                pt.y = n;
            };
        };
    }

    return pt;
}

public static Point getCross(double[][] data, int n1, int n2) {
    //在黑色背景上用白色画出两条相交的直线
```

```java
        Mat src = Mat.zeros(600, 600, CvType.CV_8UC3);
        drawOneLine(data, n1, src, new Scalar(255, 255, 255));
        drawOneLine(data, n2, src, new Scalar(255, 255, 255));
        Mat template = Imgcodecs.imread("CubeCross.png");  //模板图像

        //模板匹配
        Mat result = new Mat();
        Imgproc.matchTemplate(src, template, result, Imgproc.TM_CCOEFF);

        //取出最大值的位置（TM_CCOEFF 模式用最大值）
        Core.MinMaxLocResult mmr = Core.minMaxLoc(result);
        Point pt = mmr.maxLoc;
        return pt;
    }

public static Mat perspTransform(Mat src, Point p0, Point p1, Point p2,
        Point p3) {
    //定义原图像中 4 个点的坐标
    Point[] pt1 = new Point[4];
    pt1[0] = p0;
    pt1[1] = p1;
    pt1[2] = p2;
    pt1[3] = p3;

    //定义目标图像中 4 个点的坐标
    Point[] pt2 = new Point[4];
    pt2[0] = new Point(0, 0);
    pt2[1] = new Point(300, 0);
    pt2[2] = new Point(0, 300);
    pt2[3] = new Point(300, 300);

    //透视变换
    MatOfPoint2f mop1 = new MatOfPoint2f(pt1);
    MatOfPoint2f mop2 = new MatOfPoint2f(pt2);
    Mat dst = new Mat();
    Mat matrix = Imgproc.getPerspectiveTransform(mop1, mop2);
    Imgproc.warpPerspective(src, dst, matrix, new Size(300, 300));

    return dst;
}

public static int isBlueOrGreen(int b, int g, int r) {
    if (b + g < 3 * r)
```

```java
        return 0;        //非蓝色和绿色
    if ((b > 150) && (b>g))
        return 1;        //蓝色
    if ((g > 150) && (g>b))
        return 2;        //绿色
    return 0;
}

public static int getColor(Mat bgr, int x0, int y0) {
    //获取点(x0,y0)周边60*60大小区域
    Mat sub = new Mat();
    Mat roi = bgr.submat(y0 - 30, y0 + 30, x0 - 30, x0 + 30);
    roi.copyTo(sub);

    //转换成HSV颜色空间
    Mat hsv = new Mat();
    Imgproc.cvtColor(sub, hsv, Imgproc.COLOR_BGR2HSV);

    //获取均值和标准差
    MatOfDouble matMean = new MatOfDouble();
    MatOfDouble matStd = new MatOfDouble();
    Core.meanStdDev(hsv, matMean, matStd);
    double meanH = matMean.get(0, 0)[0]; //色调均值
    double std = matStd.get(0, 0)[0];      //标准差

    if (std > 30) {
        return 999;    //若颜色不均一,则返回999
    }

    //获取RGB这3个通道的均值
    Scalar mean = Core.mean(sub);
    int b = (int) mean.val[0];
    int g = (int) mean.val[1];
    int r = (int) mean.val[2];

    //根据不同颜色返回不同的值
    if (isBlueOrGreen(b,g,r)==1) return 300;        //蓝色
    if (isBlueOrGreen(b,g,r)==2) return 400;        //绿色
    return (int) meanH;  //其余情况返回色调的均值

}

public static int[] colorOneSide(int sideId) {
```

```java
//Canny 边缘检测
Mat src = Imgcodecs.imread("Cube" + sideId + ".png");
Mat grey = new Mat();
Mat canny = new Mat();
Imgproc.cvtColor(src, grey, Imgproc.COLOR_BGR2GRAY);
Imgproc.Canny(grey, canny, 50, 200, 3, false);

//霍夫线检测并绘制检测结果
double ln[][] = getLines(canny);
drawLines(ln, canny);

//水平和垂直的直线中最外侧的两条
Point hor = minMax(ln, 90);    //水平方向最外侧的两条
Point ver = minMax(ln, 0);     //垂直方向最外侧的两条

//获取 4 个顶点坐标
Point p00 = getCross(ln, (int) hor.x, (int) ver.x); //左上角的点
Point p01 = getCross(ln, (int) hor.x, (int) ver.y); //右上角的点
Point p10 = getCross(ln, (int) hor.y, (int) ver.x); //左下角的点
Point p11 = getCross(ln, (int) hor.y, (int) ver.y); //右下角的点

//透视变换并检测 9 个色块的颜色
Mat bgr = perspTransform(src, p00, p01, p10, p11);
int [] color = new int[9];
for (int row = 0; row < 3; row++)
    for (int col = 0; col < 3; col++) {
        int hue = getColor(bgr, col * 100 + 50, row * 100 + 50);
        color[row*3 + col] = hue;
    }
return color;
}

public static boolean IsSuccess(int[] sorted) {
    if (sorted[53] == 999) return false ;
    for (int n = 1; n < 6; n++) {
        if (sorted[n*9-1] + 5 > sorted[n*9]) return false;
    }
    return true;
}

public static int matchColor(int[] sorted, int hue) {
    //为色块匹配颜色
    int colorType = 0;
```

```
    for (int n = 0; n < 54; n++) {
        if (sorted[n] == hue) {
            colorType = n/9 + 1;
            break;
        }
    }
    return colorType; //返回1~6
}

}
```

程序运行后，控制台将输出如图 2-13 所示的结果：含有 54 个元素的 data 数组。

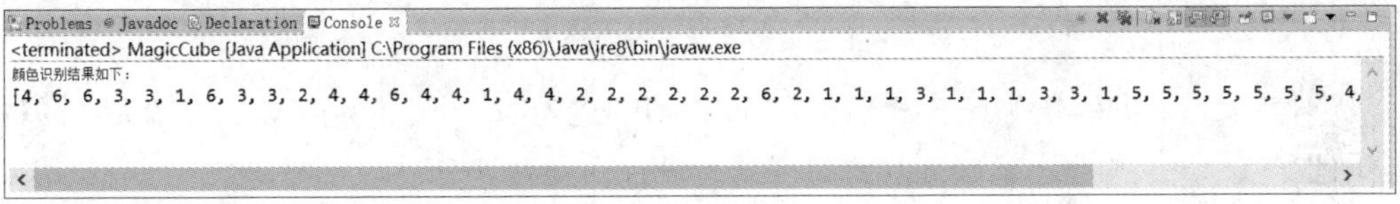

```
Problems  Javadoc  Declaration  Console
<terminated> MagicCube [Java Application] C:\Program Files (x86)\Java\jre8\bin\javaw.exe
颜色识别结果如下:
[4, 6, 6, 3, 3, 1, 6, 3, 3, 2, 4, 4, 6, 4, 4, 1, 4, 4, 2, 2, 2, 2, 2, 2, 6, 2, 1, 1, 1, 3, 1, 1, 3, 3, 1, 5, 5, 5, 5, 5, 5, 4,
```

图 2-13　控制台输出的结果

本案例成功识别出一个有一定难度的魔方图案，所有代码包括注释行仅 200 多行，可见 OpenCV 功能之强大。相信读者在学习完本章之后对 OpenCV 的实战更有信心了。

第 3 章

答题卡评分

3.1 概述

从小到大我们都经历了无数次考试，而其中用 2B 铅笔涂黑的答题卡对大家来讲应该都不会陌生，这个案例就是用 OpenCV 对答题卡进行识别并评分。

3.1.1 案例描述

在本案例中用到的答题卡如图 3-1 所示。该答题卡共有 30 道选择题，每题 1 分，共 30 分。选择题区域的 4 个角上设有用于定位的黑色色块。

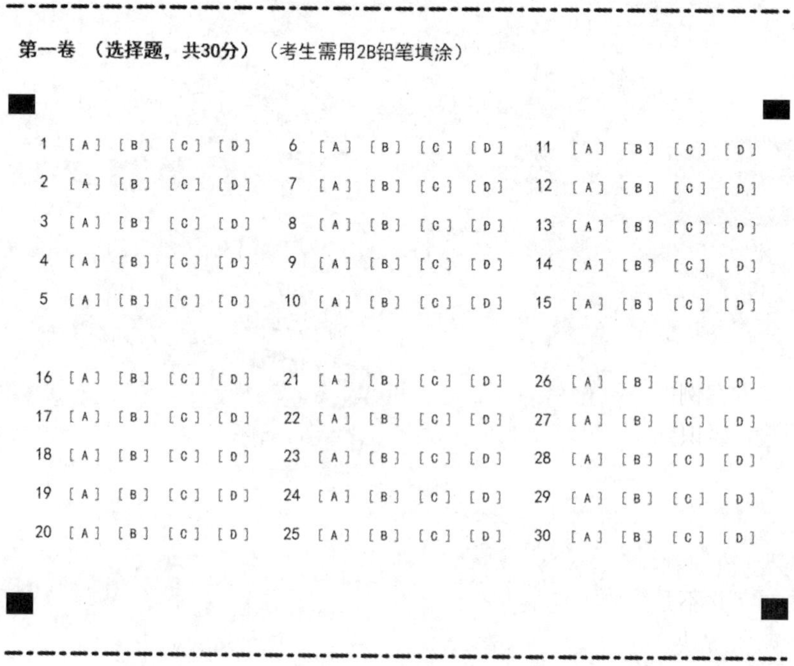

第一卷 （选择题，共30分） （考生需用2B铅笔填涂）

1 [A] [B] [C] [D]	6 [A] [B] [C] [D]	11 [A] [B] [C] [D]
2 [A] [B] [C] [D]	7 [A] [B] [C] [D]	12 [A] [B] [C] [D]
3 [A] [B] [C] [D]	8 [A] [B] [C] [D]	13 [A] [B] [C] [D]
4 [A] [B] [C] [D]	9 [A] [B] [C] [D]	14 [A] [B] [C] [D]
5 [A] [B] [C] [D]	10 [A] [B] [C] [D]	15 [A] [B] [C] [D]
16 [A] [B] [C] [D]	21 [A] [B] [C] [D]	26 [A] [B] [C] [D]
17 [A] [B] [C] [D]	22 [A] [B] [C] [D]	27 [A] [B] [C] [D]
18 [A] [B] [C] [D]	23 [A] [B] [C] [D]	28 [A] [B] [C] [D]
19 [A] [B] [C] [D]	24 [A] [B] [C] [D]	29 [A] [B] [C] [D]
20 [A] [B] [C] [D]	25 [A] [B] [C] [D]	30 [A] [B] [C] [D]

图 3-1 答题卡样例

答题卡中涉及的尺寸（单位：像素）如下：

（1）定位块之间宽度：900。

（2）定位块之间高度：580。

（3）答案横向距离：60（A-B-C-D）或120（D到下一个A）。

（4）答案纵向距离：45（如1-2题间）或90（如5-16题间）。

（5）定位块大小：32×24。

（6）答案涂黑区域：35×15。

用于评分的答题卡如图3-2所示。该图大致水平，略有倾斜，其中的30道选择题的答案已经用铅笔涂黑。为了简单起见，所有选择题的标准答案都为B。

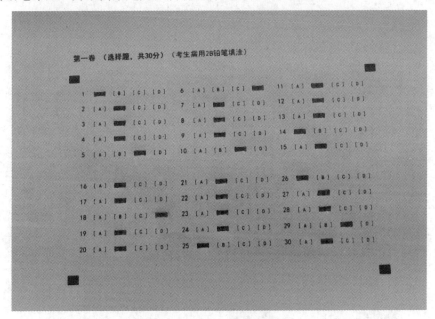

图3-2　用于评分的答题卡

3.1.2　案例分析

显而易见，本案例的关键是如何获取定位块的位置。定位块为全黑的矩形，面积比答案涂黑区域大一些，要识别出定位块可以根据轮廓求出最小外接矩形，但是识别过程中会受到一些干扰。一种干扰是涂黑的答案（以下称"答案块"），同样是全黑的矩形。虽然理论上定位块比答案块要大一些，但是由于答题卡有倾斜，加上考生涂黑时可能比标准区域涂得大一些，因此涂黑的面积未必比定位块小。另一种干扰是定位块上方的文字，它们也会形成黑色的矩形。不过文字并不是整体全黑，可以用黑色像素所占比例进行区分。剩下的问题就是如何区分定位块和答案块。

观察答题卡后不难发现，定位块位于边缘区域，如果把定位块连接成一个矩形，则所有的答案块都应该在这个矩形内部，如图3-3所示。这样，问题就简化成如何识别最外围的4

个黑块了。

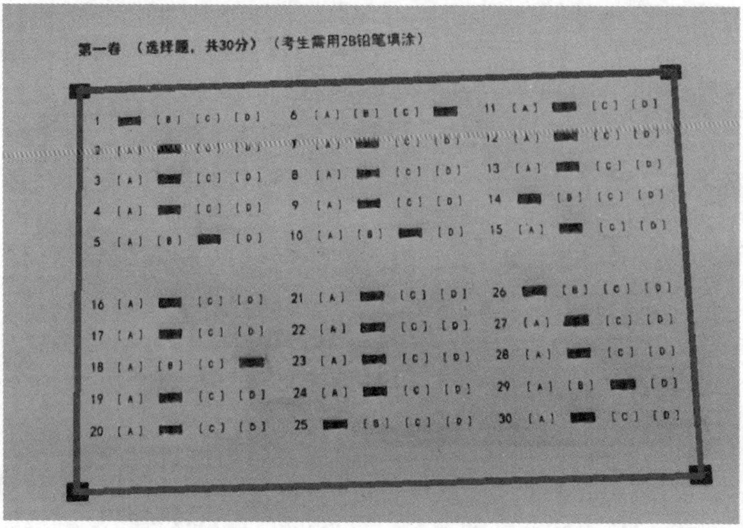

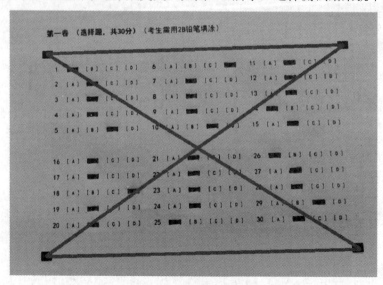

图 3-3　定位块连接成矩形后

　　在 OpenCV 中解决此类问题有一个简单而又有效的方法。首先，每个外接矩形可以用其中心点来表示。假设选定 A、B、C、D 共 4 个点来测试它们是否是定位块。可以在黑色背景上以此 4 个点为顶点绘制一个实心（假定为白色）的矩形，然后依次测定其余中心点所在位置是否为白色，如为白色则表示该点在此矩形内部，否则在矩形外部。通过不断地试错，最终可以测试出最外围的 4 个点。此方法简单实用，不过测试前需要先调整 4 个点的相对位置，否则可能会使矩形的两条边形成交叉，如图 3-4 所示，这样测试结果就不准确了。

图 3-4　4 个顶点未调整所引发的问题

定位块确定以后，只需通过透视变换将答题卡转换成水平状态就可以根据答案块的坐标位置识别答案并评分了。

3.2　总体设计

3.2.1　系统需求

本案例只需 OpenCV，不需要任何第三方库。

3.2.2　总体思路及流程

根据上述分析，本案例的总体流程如下：

（1）将输入图案转换成二值图。

（2）提取轮廓并获取轮廓的最小外接矩形。

（3）根据黑色像素占比筛选掉汉字部分。

（4）测试定位块的位置。

（5）对答题卡进行透视变换。

（6）判定考生涂黑的答案。

（7）给答题卡评分。

3.3　答题卡自动评分的实现

3.3.1　二值化

由于程序中需要判断黑色像素占比，因此二值化时不能用 Canny()算法，而应该用 threshold()函数。

OpenCV 中 threshold()函数的原型如下：

```
double Imgproc.threshold(Mat src, Mat dst, double thresh, double maxval, int
type)
```
函数用途：对图像二值化。

【参数说明】

（1）src：输入图像，要求是 CV_8U 或 CV_32F 类型。

（2）dst：输出图像，和 src 具有相同的尺寸、数据类型和通道数。

（3）thresh：阈值。

（4）maxval：二值化的最大值，只用于 Imgproc.THRESH_BINARY 和 Imgproc.THRESH_BINARY_INV 两种类型。

（5）type：二值化类型，可选参数如下：

◆ Imgproc.THRESH_BINARY：当大于阈值时取 maxval，否则取 0。

◆ Imgproc.THRESH_BINARY_INV：当大于阈值时取 0，否则取 maxval。

◆ Imgproc.THRESH_TRUNC：当大于阈值时为阈值，否则不变。

◆ Imgproc.THRESH_TOZERO：当大于阈值时不变，否则取 0。

◆ Imgproc.THRESH_TOZERO_INV：当大于阈值时取 0，否则不变。

◆ Imgproc.THRESH_OTSU：大津法自动寻找全局阈值。

◆ Imgproc.THRESH_TRIANGLE：三角形法自动寻找全局阈值。

其中 Imgproc.THRESH_OTSU 和 Imgproc.THRESH_TRIANGLE 是获取阈值的方法，可以和另外 5 种联用，如"Imgproc.THRESH_BINARY | Imgproc.THRESH_OTSU"。

程序中用 makeBinary()函数对输入图像进行二值化，相关代码如下：

```
Mat gray = new Mat();
Imgproc.cvtColor(src, gray, Imgproc.COLOR_BGR2GRAY);
Mat binary = new Mat();
Imgproc.threshold(gray, binary, 120, 255, Imgproc.THRESH_BINARY);
```

代码中先用 cvtColor()函数将彩色图像转换成灰度图，然后调用 threshold()函数进行二值化。在最后一行代码中，threshold()函数将最后一个参数 type 设为 Imgproc.THRESH_BINARY，将阈值 thresh 设为 120，该行代码可理解为如果像素值大于 120，则二值化为 255，否则为 0。调用上述代码后生成的图像如图 3-5 所示。该图只有黑白两色，像素值分别为 0 和 255。

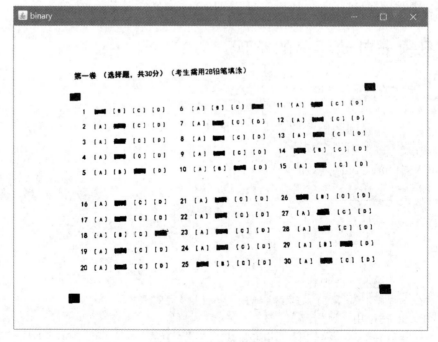

图 3-5　二值化后的答题卡

3.3.2 提取轮廓

在二值图的基础上就可以用 findContours()函数来提取轮廓了。提取轮廓的代码如下：

```
List<MatOfPoint> contour = new ArrayList<MatOfPoint>();
Imgproc.findContours(binary, contour, new Mat(), Imgproc.RETR_TREE,
        Imgproc.CHAIN_APPROX_SIMPLE);
```

调用 findContours()函数很简单，但是其参数较为复杂，有必要说明一下相关用法，该函数的原型如下：

```
void Imgproc.findContours(Mat image, List<MatOfPoint> contours, Mat hierarchy,
int mode, int method)
```
函数用途：在二值图像中寻找轮廓。

【参数说明】

(1) image：输入图像，必须是 8 位单通道二值或灰度图。如果是灰度图，则像素值为 0 的仍视作 0，像素值不为 0 的视作 1，如此灰度图也可作为二值图处理。

(2) contours：检测到的轮廓。

(3) hierarchy：轮廓的层级，包含对轮廓之间的拓扑关系的描述。hierarchy 中的元素数量和轮廓中的元素数量是一样的。第 i 个轮廓 contours[i]有着相对应的 4 个 hierarchy 索引，分别是 hierarchy[i][0]、hierarchy[i][1]、hierarchy[i][2]和 hierarchy[i][3]，它们分别是轮廓的同层下一个轮廓索引、同层上一个轮廓索引、第 1 个子轮廓索引和父轮廓索引。如果第 i 个轮廓没有下一个同层轮廓、子轮廓或父轮廓，则对应的索引用负数表示。

(4) mode：轮廓提取模式，具体如下。

◆ Imgproc.RETR_EXTERNAL：只检测最外层轮廓，所有轮廓的 hierarchy[i][2] 和 hierarchy[i][3]均设为-1。

◆ Imgproc.RETR_LIST：检测所有的轮廓，但轮廓之间不建立层级关系。

◆ Imgproc.RETR_CCOMP：检测所有的轮廓并将它们组织成双层层级关系。

◆ Imgproc.RETR_TREE：检测所有轮廓，所有轮廓建立一个树形层级结构。

(5) method：轮廓逼近方法，可选参数如下。

◆ Imgproc.CHAIN_APPROX_NONE：存储所有轮廓点，两个相邻的轮廓点(x1,y1)和(x2,y2)必须是 8 连通，即 max(abs(x1-x2),abs(y2-y1))=1。

◆ Imgproc.CHAIN_APPROX_SIMPLE：压缩水平方向、垂直方向和对角线方向的线段，只保存线段的端点。

◆ Imgproc.CHAIN_APPROX_TC89_L1：使用 teh-Chinl chain 近似算法中的一个。

◆ Imgproc.CHAIN_APPROX_TC89_KCOS：使用 teh-Chinl chain 近似算法中的一个。

该函数提取的轮廓保存在参数 contours 中，其数据类型是 MatOfPoint 的列表。顾名思义，MatOfPoint 就是用矩阵存储了一个点集，列表中每个 MatOfPoint 对象都是一个轮廓，所以 contours.size()就是提取的轮廓数量。

需要注意的是，轮廓是有层级的，如图 3-6 所示，图中是一个有着 6 个轮廓的图形及其层级关系，其中最大的 1 号轮廓层级最高，2 号、3 号和 5 号轮廓是其子轮廓，1 号轮廓则是它们的父轮廓。轮廓是可以嵌套的，例如 3 号和 5 号轮廓又有其各自的子轮廓。

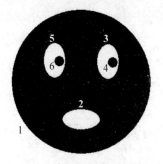 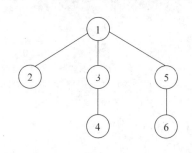

（a）标有轮廓编号的图像　　　　　　　　　（b）轮廓的树形结构图

图 3-6　轮廓的层级结构

为了描述轮廓之间的拓扑关系，findContours()函数用参数 hierarchy 来描述轮廓的层级关系。首先，hierarchy 中的元素数量和 contours 的元素数量是一致的。其次，每个轮廓都对应 4 个索引值。例如，第 i 个轮廓 contours[i]的 4 个 hierarchy 索引分别是 hierarchy[i][0]、hierarchy[i][1]、hierarchy[i][2]和 hierarchy[i][3]，它们分别是轮廓的同层下一个轮廓索引、同层上一个轮廓索引、第 1 个子轮廓索引和父轮廓索引。例如，5 号轮廓可以表示为[-1, 3, 6, 1]，它没有同层下一个轮廓，所以第 1 个索引值用-1 表示，它的同层上一个轮廓为 3 号轮廓，第 1 个子轮廓为 6 号轮廓，父轮廓为 1 号轮廓。

为了在提取轮廓时包括它们的拓扑关系，需要设置 mode 参数，详见函数原型中的参数说明。由于在本案例中并未涉及轮廓之间的拓扑关系，因此调用 findContours()函数时参数hierarchy 用 new Mat()代表了。

总而言之，提取轮廓后的数据保存在 contours 参数中，在此基础上可以获取相应的最小外接矩形。最小外接矩形的概念如图 3-7 所示，图中有两个矩形，其中倾斜的矩形就是最小外接矩形，另一个未经旋转的矩形称为直边界矩形。很明显，最小外接矩形的面积远远小于直边界矩形，其形状也更贴近图形的轮廓。

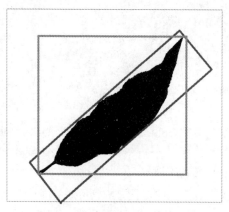

图 3-7　最小外接矩形的概念

在 OpenCV 中，最小外接矩形用 RotatedRect 类表示，该类的成员变量有 center、width、height、angle 等，如图 3-8 所示。

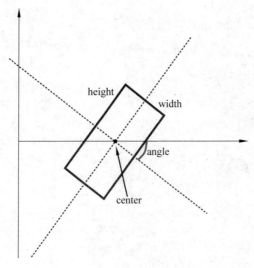

图 3-8　RotatedRect 类的成员变量

有时，需要用到这个旋转矩形的 4 个顶点，而根据上述成员变量计算起来较为烦琐，为此 OpenCV 中提供了 boxPoints()函数，可以一次性获取旋转矩形的 4 个顶点，该函数的原型如下：

```
void Imgproc.boxPoints(RotatedRect box, Mat points)
函数用途：获取旋转矩形的 4 个顶点。


【参数说明】
(1) box：输入的旋转矩形。
(2) points：输出的 4 个顶点。
```

在了解了相关的基础知识后，就不难理解获取最小外接矩形的 minRect()函数了。该函数的声明行如下：

```
public static int[][] minRect(List<MatOfPoint> contour)
```

该函数的参数 contour 就是 findContours()函数输出的结果，类型同样是 MatOfPoint 的列表。由于轮廓很多，为了提高运行速度，代码中先用矩形面积进行初步筛选，符合条件的用 block 数组输出。由于 block 数组的长度事先无法知晓，因此 block[0][0]被用来表示该数组的有效长度，后续章节中有不少案例也用到了这种方法。

对筛选后的外接矩形进行标注，标注后的结果如图 3-9 所示。可以看到，答题卡上部的几个汉字也包括在内。为了防止它们对定位块的判断构成干扰，需要将这些汉字过滤掉。

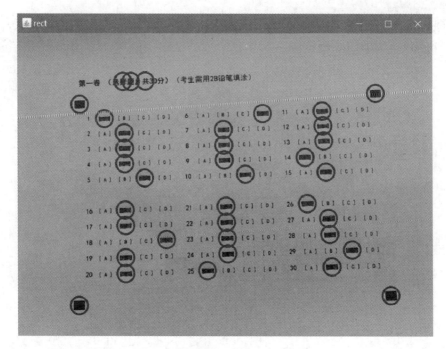

图 3-9　初步筛选后的最小外接矩形

3.3.3　汉字过滤

如前所述，汉字可以通过黑色像素占比的方法进行过滤，程序中用 isBlack()函数来判断某个外接矩形是否为全黑。当然，由于获取外接矩形时中心的坐标或多或少会存在误差，二值化时也会丢失一部分黑色像素，因此判断全黑不能用 100%这么严格的标准。

该函数先用前面介绍的 boxPoints()函数获取旋转矩形的 4 个顶点，然后经过透视变换将旋转矩形转换成水平放置，接着调用 OpenCV 中的 countNonZero()函数统计非零像素的个数。在二值图中，非零像素即不是黑色的像素，用像素总数减去非零像素就是黑色像素数量了。代码中将阈值设定为 70%，如果黑色像素占比没有达到这个比率，则认为该矩形不是全黑而被过滤掉。

经过过滤以后答题卡上剩余的外接矩形如图 3-10 所示。可以看出，上方的汉字已经被过滤掉。虽然有的答案块也被过滤掉了，但这并不会影响对定位块的判断。

3.3.4　定位块位置

过滤后还剩 13 个外接矩形，接下来就可以测试外围的定位块了，测试的原理在 3.1.2 节已经介绍过。每次测试需要选取 4 个点，为了保证测试的准确，这 4 个点要按照一定的顺序排列，程序中用 arrangeFour()函数实现这一步。

排列完成后，在黑色背景上用这 4 个点画一个实心的矩形，然后逐个测试其余点是否

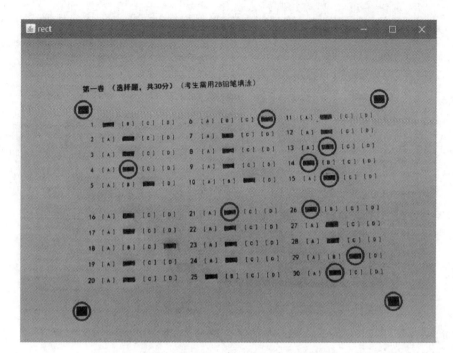

图 3-10　排除汉字干扰后的最小外接矩形

在矩形内部。绘制实心矩形的是 drawPoly()函数。全黑的背景可以直接用 Mat 类的 zeros()方法完成，接着调用 OpenCV 的 fillPoly()函数绘制实心的多边形，该函数并不复杂，只要定义好多边形的顶点，然后转换成函数需要的数据类型即可。

绘制完成后就可以测试有多少中心点在矩形中了，程序中用 countInside()函数完成此任务。函数对所有中心点都进行了测试，包括矩形的 4 个顶点，因此只有包括所有点的矩形才是最外围的定位块。通过这项测试也就找到了 4 个定位块的坐标。程序中用 findFour()函数对所有组合进行测试，这个函数包含一个多重循环，测试完成后以数组形式返回 4 个定位块中心的坐标。

3.3.5　透视变换

接下来需要根据 4 个定位块的位置进行透视变换，在本案例中先用 perspMatrix()函数求出相应的转换矩阵。该函数参数中的 pt 数组就是含有 4 个定位块坐标的数组，该数组共 8 个元素，每两个元素表示一个点的 x 坐标和 y 坐标。函数返回的是转换矩阵，根据此矩阵就能将定位块构成的矩形转换成水平放置的矩形，如图 3-11 所示。

3.3.6　答案的判断

下一步是根据透视变换后的图像判断考生涂写的答案。由于答案块都有固定的位置，因此相关的定位非常容易。

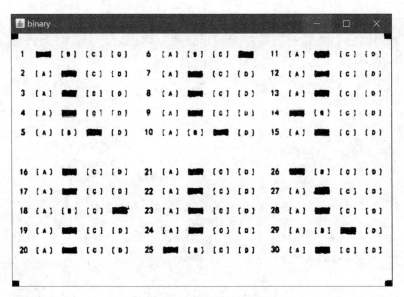

图 3-11　透视变换后的答题卡

判断是否涂黑的标准仍然是黑色像素占比，程序中通过 countArea()函数实现。该函数先用子矩阵截取 35×15 大小的区域并复制到 sub 中，然后调用 countNonZero()函数进行计数。如果返回值为 1，则表示该区域被涂黑，如果返回值为 0，则表示没有。只有当黑色像素占比超过 70%时才返回 1，因此如果涂的范围较小就可能被判断为 0。

上述函数只是判断一个答案块是否被涂黑，而一道题的答案由 A、B、C、D 共 4 个答案块构成，因此判断考生究竟涂黑了哪个答案需要综合 4 个答案块。如果 A 被涂黑而 B、C、D 没有，则可以认为考生的答案是 A，但是如果除了 A 以外还有其他答案也被涂黑，则考生实际上选择了多项答案，应该判错。程序中用 oneAnswer()函数进行此项判断，该函数取 4 个答案块的判断结果（1 表示涂黑，0 表示没有），其中 A 的结果乘以 1000，B 的结果乘以 100，C 的结果乘以 10，D 的结果仍取该数，然后将 4 个数相加的和用 1 个 4 位整数来表示答案。如果和等于 1000，则表示考生选了 A，如为 100 表示考生选了 B，如为 10 表示考生选了 C，如为 1 表示考生选了 D，其余情况说明考生选错（多选或未选）。在此基础上，程序用 allAnswer()函数对所有题的答案进行判断。

得出所有答案后，就可以将考生的答案与标准答案进行比对从而给出得分，程序中用 finalScore()函数实现这个功能。

3.4　完整代码

最后，给出本案例的完整代码：

```
//第 3 章/AnswerSheet.java
```

```java
import java.util.ArrayList;
import java.util.Arrays;
import java.util.Comparator;
import java.util.List;
import org.opencv.core.Core;
import org.opencv.core.CvType;
import org.opencv.core.Mat;
import org.opencv.core.MatOfPoint;
import org.opencv.core.MatOfPoint2f;
import org.opencv.core.Point;
import org.opencv.core.RotatedRect;
import org.opencv.core.Scalar;
import org.opencv.core.Size;
import org.opencv.highgui.HighGui;
import org.opencv.imgcodecs.Imgcodecs;
import org.opencv.imgproc.Imgproc;

public class AnswerSheet {

    public static int width;           //图像长
    public static int height;          //图像宽
    public static int lenX = 900;      //定位块横向距离
    public static int lenY = 580;      //定位块纵向距离
    public static int topX = 78;       //第 1 题答案 A 离定位块中心的横向距离
    public static int topY = 48;       //第 1 题答案 A 离定位块中心的纵向距离

    public static void main(String[] args) {
        System.loadLibrary(Core.NATIVE_LIBRARY_NAME);

        //读取图像并转换成二值图
        Mat src = Imgcodecs.imread("Answersheet1.png");
        width = src.width();
        height = src.height();
        Mat binary = makeBinary(src);
        HighGui.imshow("binary", binary);
        HighGui.waitKey(0);

        //提取轮廓
        List<MatOfPoint> contour = new ArrayList<MatOfPoint>();
        Imgproc.findContours(binary, contour, new Mat(), Imgproc.RETR_TREE,
            Imgproc.CHAIN_APPROX_SIMPLE);

        //筛选符合条件的块
```

```java
        int[][] block = minRect(contour);
        drawRect(src, block);
        int[][] blk = checkBlocks(binary, contour, block);

        //确定 4 个定位块的位置
        int[] out = findFour(blk);
        System.out.println("定位块中心坐标: " + Arrays.toString(out));

        //根据定位块对原图像进行透视变换
        Mat trans = new Mat();
        Mat matrix = perspMatrix(out, lenX, lenY);
        Imgproc.warpPerspective(binary, trans, matrix, new Size(lenX, lenY));
        HighGui.imshow("binary", trans);
        HighGui.waitKey(0);

        //获取答案所在位置的涂黑数据
        int[][] area = blockColor(trans);

        //根据涂黑数据判断答案正确与否并评分
        int[] answer = allAnswer(area);
        System.out.println("考生答案: " + Arrays.toString(answer));
        int score = finalScore(answer);
        System.out.println("考生得分: " + score + "分 / 共30分");

        System.exit(0);
    }

    public static Mat makeBinary(Mat src) {
        //将图像转换成二值图
        Mat gray = new Mat();
        Imgproc.cvtColor(src, gray, Imgproc.COLOR_BGR2GRAY);
        Mat binary = new Mat();
        Imgproc.threshold(gray, binary, 120, 255, Imgproc.THRESH_BINARY);
        return binary;
    }

    public static int[][] minRect(List<MatOfPoint> contour) {
        int total = contour.size();
        int[][] block = new int[total + 1][3];
        MatOfPoint2f dst = new MatOfPoint2f();

        //获取各轮廓的最小外接矩形并进行筛选
        int count = 0;
```

```
    for (int n = 0; n < total; n++) {
        //获取轮廓的最小外接矩形
        contour.get(n).convertTo(dst, CvType.CV_32F);
        RotatedRect rect = Imgproc.minAreaRect(dst);

        //排除太大和太小的外接矩形
        double w = rect.size.width;
        double h = rect.size.height;
        if ((w * h < 300) || (w * h > 800))
            continue;

        //返回轮廓编号及最小外接矩形中心坐标
        count++;
        block[count][0] = n;   //轮廓编号
        block[count][1] = (int) rect.center.x;
        block[count][2] = (int) rect.center.y;
    }

    block[0][0] = count;        //有效长度
    return block;
}

public static boolean isBlack(Mat binary, RotatedRect rect) {
    //旋转矩形的 4 个顶点
    Mat pts = new Mat();
    float[] f = new float[8];
    Imgproc.boxPoints(rect, pts);
    pts.get(0, 0, f);
    int[] data = new int[8];
    for (int i = 0; i < 8; i++) {
        data[i] = (int) f[i];
    }

    //将旋转矩形转换成直边界矩形
    Mat matrix = perspMatrix(data, 20, 20);
    Mat area = new Mat();
    Imgproc.warpPerspective(binary, area, matrix, new Size(20, 20));

    //清点黑色像素个数并判断是否全黑
    int count = Core.countNonZero(area);
    double rate = 1 - count / 400.0;
    if (rate > 0.7) {
        return true;
```

```java
        } else {
            return false;
        }

    }

    public static void drawRect(Mat src, int[][] block) {
        for (int i = 1; i <= block[0][0]; i++) {
            Point center = new Point(block[i][1], block[i][2]);
            Imgproc.circle(src, center, 20, new Scalar(0, 0, 255), 3);
        }
        HighGui.imshow("rect", src);
        HighGui.waitKey(0);
    }

    public static int[][] checkBlocks(Mat binary, List<MatOfPoint> contour,
            int[][] block) {
        MatOfPoint2f dst = new MatOfPoint2f();
        int count = 0;
        int num = block[0][0];

        //逐个检查各旋转矩形是否全黑并标记
        for (int i = 1; i <= num; i++) {
            int id = block[i][0];
            contour.get(id).convertTo(dst, CvType.CV_32F);
            RotatedRect rect = Imgproc.minAreaRect(dst);
            boolean black = isBlack(binary, rect);
            if (black)
                count++;
            else {
                block[i][0] = 0; //标记不合格的
            }
        }

        //将全黑的重置为新的数组
        int[][] blk = new int[count][3];
        int next = 0;
        for (int i = 1; i <= num; i++) {
            if (block[i][0] != 0) {
                blk[next][0] = block[i][0];
                blk[next][1] = block[i][1];
                blk[next][2] = block[i][2];
                next++;
```

```
        }
    }
    return blk;


}

public static int[][] sort2D2(int[][] arr) {
    //用二维数组的第二维排序
    Arrays.sort(arr, new Comparator<int[]>() {
        public int compare(int[] o1, int[] o2) {
            return o1[1] - o2[1];
        }
    });
    return arr;
}

public static int[] arrangeFour(int[][] blk, int n1, int n2, int n3,
int n4) {
    //获取 4 个点的坐标并按 x 坐标排序
    int[][] p = new int[4][3];
    for (int i = 0; i < 3; i++) {
        p[0][i] = blk[n1][i];
        p[1][i] = blk[n2][i];
        p[2][i] = blk[n3][i];
        p[3][i] = blk[n4][i];
    }
    int[][] sorted = sort2D2(p);

    //重新排列 4 个点
    int[] pt = new int[8];
    if (sorted[0][2] < sorted[1][2]) {
        pt[0] = sorted[0][1];
        pt[1] = sorted[0][2];
        pt[6] = sorted[1][1];
        pt[7] = sorted[1][2];
    } else {
        pt[0] = sorted[1][1];
        pt[1] = sorted[1][2];
        pt[6] = sorted[0][1];
        pt[7] = sorted[0][2];
    }

    if (sorted[2][2] < sorted[3][2]) {
```

```
            pt[2] = sorted[2][1];
            pt[3] = sorted[2][2];
            pt[4] = sorted[3][1];
            pt[5] = sorted[3][2];
        } else {
            pt[2] = sorted[3][1];
            pt[3] = sorted[3][2];
            pt[4] = sorted[2][1];
            pt[5] = sorted[2][2];
        }
        return pt;
    }

    public static Mat drawPoly(int[] data) {
        //多边形的顶点
        Point[] pt1 = new Point[4];
        pt1[0] = new Point(data[0], data[1]);
        pt1[1] = new Point(data[2], data[3]);
        pt1[2] = new Point(data[4], data[5]);
        pt1[3] = new Point(data[6], data[7]);
        MatOfPoint mop = new MatOfPoint(pt1);
        List<MatOfPoint> pts = new ArrayList<MatOfPoint>();
        pts.add(mop);

        //以黑色背景绘制实心的多边形
        Size size = new Size(width, height);
        Mat img = Mat.zeros(size, CvType.CV_8UC1);
        Imgproc.fillPoly(img, pts, new Scalar(127));
        return img;
    }

    public static int countInside(Mat gray, int[][] blk) {
        int count = 0;
        for (int i = 0; i < blk.length; i++) {
            int x = blk[i][1];
            int y = blk[i][2];
            byte[] data = new byte[1];
            gray.get(y, x, data);
            if (data[0] == 127)
                count++;
        }
        return count;
    }
```

```
public static int[] findFour(int[][] blk) {
    int[] out = new int[8];
    int n = blk.length;
    for (int i = 0; i < n - 3; i++) {
        for (int j = i + 1; j < n - 2; j++) {
            for (int k = j + 1; k < n - 1; k++) {
                for (int l = k + 1; l < n; l++) {
                    int[] pt = arrangeFour(blk, i, j, k, l);
                    Mat img = drawPoly(pt);
                    int count = countInside(img, blk);
                    if (count == n) {
                        return pt;
                    }
                }
            }
        }
    }
    return out;
}

public static Mat perspMatrix(int[] pt, int width, int height) {
    //定义原图像中 4 个点的坐标
    Point[] pt1 = new Point[4];
    pt1[0] = new Point(pt[0], pt[1]);
    pt1[1] = new Point(pt[2], pt[3]);
    pt1[2] = new Point(pt[4], pt[5]);
    pt1[3] = new Point(pt[6], pt[7]);

    //定义目标图像中 4 个点的坐标
    Point[] pt2 = new Point[4];
    pt2[0] = new Point(0, 0);
    pt2[1] = new Point(width, 0);
    pt2[2] = new Point(width, height);
    pt2[3] = new Point(0, height);

    //计算透视变换的转换矩阵
    MatOfPoint2f mop1 = new MatOfPoint2f(pt1);
    MatOfPoint2f mop2 = new MatOfPoint2f(pt2);
    Mat matrix = Imgproc.getPerspectiveTransform(mop1, mop2);

    return matrix;
}
```

```java
public static int countArea(Mat binary, int x, int y) {
    //截取答案区域并判断是否被涂黑
    Mat roi = binary.submat(y - 8, y + 7, x - 18, x + 17);
    Mat sub = new Mat();
    roi.copyTo(sub);
    double total = 35 * 15.0;
    int count = Core.countNonZero(roi);
    if ((total - count)/ total > 0.7)
        return 1;
    else
        return 0;
}

public static int[][] blockColor(Mat m) {
    int[][] area = new int[14][11];
    for (int row = 0; row < 11; row++) {
        for (int col = 0; col < 14; col++) {
            int type = countArea(m, topX + col * 60, topY + row * 45);
            area[col][row] = type;
        }
    }
    return area;
}

public static int oneAnswer(int[][] area, int row, int col) {
    int n1 = area[col][row];
    int n2 = area[col + 1][row];
    int n3 = area[col + 2][row];
    int n4 = area[col + 3][row];
    int num = n1 * 1000 + n2 * 100 + n3 * 10 + n4;
    if (num == 1000)
        return 1;      //代表A
    if (num == 100)
        return 2;      //代表B
    if (num == 10)
        return 3;      //代表C
    if (num == 1)
        return 4;      //代表D
    return 0;
}

public static int[] allAnswer(int[][] area) {
```

```
    int[][] map = new int[30][2];
    for (int n = 0; n < 5; n++) {
        map[n][0] = n;
        map[n][1] = 0;
    }

    for (int n = 5; n < 10; n++) {
        map[n][0] = n - 5;
        map[n][1] = 5;
    }

    for (int n = 10; n < 15; n++) {
        map[n][0] = n - 10;
        map[n][1] = 10;
    }

    for (int n = 15; n < 20; n++) {
        map[n][0] = n - 9;
        map[n][1] = 0;
    }

    for (int n = 20; n < 25; n++) {
        map[n][0] = n - 14;
        map[n][1] = 5;
    }

    for (int n = 25; n < 30; n++) {
        map[n][0] = n - 19;
        map[n][1] = 10;
    }

    int[] answer = new int[30];
    for (int n = 0; n < 30; n++) {
        answer[n] = oneAnswer(area, map[n][0], map[n][1]);
    }

    return answer;

}

public static int finalScore(int[] answer) {
    //所有选择题的标准答案
    int[] correct = new int[30];
```

```
        for (int n = 0; n < 30; n++) {
            correct[n] = 2;  //2 代表 B
        }


        //评分
        int count = 0;
        for (int n = 0; n < 30; n++) {
            if (answer[n] == correct[n])
                count++;
        }
        return count;
    }


}
```

程序运行后，控制台将输出如图 3-12 所示的评分结果。

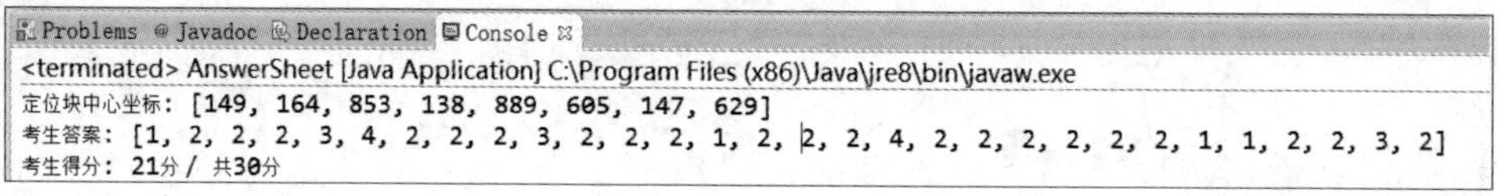

```
Problems  @ Javadoc  Declaration  Console ✕
<terminated> AnswerSheet [Java Application] C:\Program Files (x86)\Java\jre8\bin\javaw.exe
定位块中心坐标: [149, 164, 853, 138, 889, 605, 147, 629]
考生答案: [1, 2, 2, 2, 3, 4, 2, 2, 2, 3, 2, 2, 2, 1, 2, 2, 2, 4, 2, 2, 2, 2, 2, 2, 1, 1, 2, 2, 3, 2]
考生得分: 21分 / 共30分
```

图 3-12　控制台输出的程序运行结果

围棋盘面识别

4.1 概述

围棋是一种历史悠久的棋类游戏，它起源于中国，传说为尧所创，隋唐时经朝鲜传入日本，然后流传到欧美各国。围棋英文名称为 go，是日文中"碁"的发音。

魏晋以前的围棋"纵横十七道，合二百八十九道，白、黑棋子各一百五十枚"。隋唐时期，围棋棋盘从 17 道改为 19 道，从此 19 道棋盘成为主流。

2016 年 3 月，AlphaGo 与韩国职业九段棋手李世石进行了围棋人机大战，以 4 比 1 的总比分获胜；2017 年 5 月，在中国乌镇围棋峰会上，它与排名世界第一的世界围棋冠军柯洁对战，以 3 比 0 的总比分获胜。至此，围棋界公认 AlphaGo 的棋力已经超过人类。随着围棋 AI 技术的突飞猛进，越来越多的人希望通过 AI 学习围棋，而很多时候希望将某个棋局直接导入程序中进行分析研究，本案例就是对围棋棋局进行自动识别的一个例子。

4.1.1 案例描述

如今围棋界普遍采用 19 道棋盘，本案例也不例外。本案例的棋局如图 4-1 所示，棋盘

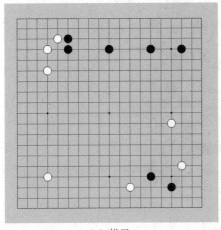
（a）棋局 1

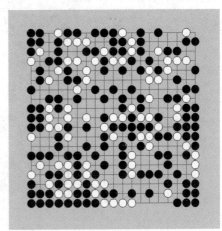
（b）棋局 2

图 4-1　用于识别的两个围棋棋局

呈方形，没有倾斜，不过棋盘的宽度和高度并不完全一致。事实上，程序中分横向和纵向分别测算棋盘的宽度和高度。

为了方便说明，将在本案例中用到的术语定义如下。

（1）格子线：构成棋盘的水平或垂直的线段。

（2）横向线：水平方向的 19 条格子线。

（3）纵向线：垂直方向的 19 条格子线。

（4）间距：相邻两条格子线之间的距离。

（5）交叉点：横向线与纵向线呈十字交叉处，但有棋子处不算。

（6）边界线：最外侧的 4 条格子线（2 纵 2 横）。

4.1.2　案例分析

此案例看似简单：格子线可以仿照魔方图案识别的方法用霍夫线检测获得，棋子的位置则可以用霍夫圆检测的方法获得，但是仔细研究后会发现，问题并没有那么简单。

首先是霍夫线检测的问题。如果盘面上棋子很少，如图 4-1（a）所示，则获得的直线相对较多，因而较易判断，但是随着棋子的增多，格子线会越来越短，霍夫线检测受到的干扰也会越来越大。

霍夫圆检测也有问题。首先，霍夫圆检测时相同圆心只识别一个圆；其次，霍夫圆检测并不能检测出所有的圆，如图 4-2 所示。在本案例中每个圆代表一个棋子，而在围棋中，即使只差 1 颗棋子局面也会天翻地覆，因此，所有的棋子都必须被正确识别，既不能多，也不能少。鉴于上述两方面问题，棋局的识别必须另辟蹊径。

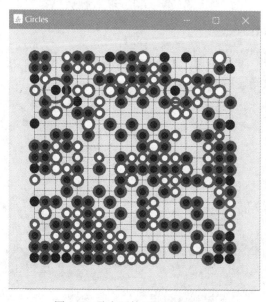

图 4-2　霍夫圆检测识别的棋子

从图 4-2 不难发现，霍夫圆检测虽然不能检测出所有的圆，但是检测出来的圆心位置还是相当准确的，因此可以借助这些位置来定位格子线。如果棋局到了收官阶段棋盘上已经布满棋子，则只根据这些圆心基本上就可以定位格子线了，但是如果盘面仍处于布局阶段，棋子尚少，则光凭圆心是不足以判断所有格子线的，此时需要寻找其他途径。观察可以发现，棋盘上的直线虽然根据棋子的位置时短时长，但是无论如何变化水平和垂直方向的线段总是存在的，除非棋盘上布满了棋子。根据这些情况，本案例将采用模板匹配的方法，在图像中寻找水平和垂直的线段，然后和圆心配合共同定位格子线。

在判断出棋盘最外侧的格子线后，理论上讲棋盘横向纵向各分割成 18 等份就可以得出格子线的坐标位置了。不过，谨慎起见还需验证一下这些位置是否有问题。验证可以借助圆心的坐标实现。假如格子线的坐标没有问题，那么代表棋子的圆心应该都在这些格子线的交叉点附近，如果有较多的圆心不能满足此条件，则说明格子线的坐标有问题。此外，根据模板匹配获得的线段的坐标进行验证也是可行的，其原理与圆心验证类似，不过进行双重验证似乎没有多大必要，因此在本案例中只采用圆心验证的方法。

格子线的坐标确定下来后，棋盘上可以放置棋子的位置也就确定下来了，根据这些位置的坐标判断该位置是黑子、白子或无子也就比较简单了，判断方法的描述如下。

（1）黑子：交叉点附近全是黑色像素。

（2）白子：交叉点附近没有黑色像素（需要在白子圆形轮廓的内部）。

（3）无子：交叉点附近有少量黑色像素。

根据上述特征写出代码应该不难。

4.2　总体设计

4.2.1　系统需求

本案例只需 OpenCV，不需要任何第三方库。

4.2.2　总体思路及流程

根据上述分析，本案例的总体流程如下：

（1）模板匹配获取水平和垂直线段的位置。

（2）霍夫圆检测获取圆心位置。

（3）综合上述信息判断棋盘边界位置。

（4）格子线位置验证。

（5）判断格子线交叉处是黑子、白子还是无子。

（6）输出结果。

4.3　围棋盘面识别的实现

4.3.1　查找线段

为了获取棋盘边界线的位置，本案例将通过模板匹配的方法获取水平和垂直方向的线段，这些线段就是未被棋子挡住的格子线。程序中通过 matchLineH()函数和 matchLineV()函数实现这一功能。

模板匹配需要两幅图像，一幅是待匹配的图像，另一幅是模板的图像。模板图像可以直接存储在图像文件中，也可以用绘图函数绘制而成。由于此处用到的模板比较简单，代码中直接在白色背景中绘制了一条黑色的直线。

绘制白色背景的代码只有一句，代码如下：

```
Mat template = new Mat(3, 20, CvType.CV_8UC1, new Scalar(255));
```

此矩阵的数据类型为 CV_8UC1，说明此图像只有一个通道，因此构造函数中的最后一个参数只用 255 一个值表示。接下来，程序在此背景上画了一条水平的直线，宽度仅 1 像素，这样模板图像就绘制完成了。由于待匹配图像中的水平线段不止一条，所以为了找出所有的水平线段，代码中用循环语句筛选出匹配率大于 80%的所有结果，同时获取最大和最小的 y 坐标并存储在全局变量 yMax 和 yMin 中。代码最后将这两个变量加 1，因为匹配的位置是匹配区域的左上角坐标，而模板中的直线的 y 坐标在其下方 1 像素处。

4.3.2　圆心坐标

接下来需要通过霍夫圆检测获得棋子的位置。

霍夫圆检测的原理和霍夫线检测类似，只不过从霍夫线的二维变成了三维。在笛卡儿坐标系中圆的方程如下：

$$(x-a)^2+(y-b)^2=r^2 \tag{4-1}$$

其中，(a, b)为圆心坐标，r 为圆的半径，如图 4-3 所示。

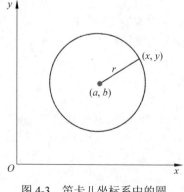

图 4-3　笛卡儿坐标系中的圆

由此可见，要表示一个圆需要 a、b、r 这 3 个参数。在 a、b、r 组成的三维坐标系中，一个点可以唯一确定一个圆。

OpenCV 中霍夫圆检测的函数原型如下：

```
Imgproc.HoughCircles(Mat image, Mat circles, int method, double dp, double
minDist, double param1, double param2, int minRadius, int maxRadius);
函数用途：用霍夫变换寻找圆。
```

【参数说明】
(1) image：输入图像，要求是 8 位单通道灰度图像。
(2) circles：检测到的圆。
(3) method：检测算法，目前只支持以下参数。
◆ Imgproc.HOUGH_GRADIENT：霍夫梯度法。
(4) dp：霍夫空间的分辨率。当 dp=1 时，累加器的分辨率与输入图像相同；当 dp=2 时，累加器的分辨率（宽和高）是输入图像的一半。
(5) minDist：圆心之间的最小距离，如果检测到两个圆心距离小于该值，则认为它们是同一个圆心。
(6) param1：Canny 边缘检测时的高阈值，低阈值是高阈值的一半。
(7) param2：检测圆心和确定半径时的累加器计数阈值。
(8) minRadius：检测到的圆半径的最小值。
(9) maxRadius：检测到的圆半径的最大值。当 maxRadius≤0 时表示采用图像的最大尺寸。

用霍夫圆检测获取棋子位置的代码见 getPieces()函数。代码中调用了上文介绍的 HoughCircles()函数从灰度图中检测圆，此函数最后两个参数可以设定圆的最小半径和最大半径，程序中分别设为 5 和 30。由于输入图像中的星位也呈圆形，设定最小半径后能将星位过滤掉。此段代码运行后将获得如图 4-4 所示的结果。图中圆的半径是按照 HoughCircles()函数检测出的半径来绘制的，因此有的圆看上去有些异样，不过程序中只用到了圆心，因而大大小小的半径并不会对棋局的识别造成不良影响。

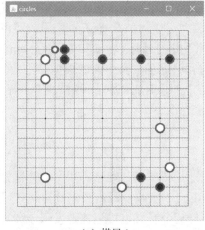
（a）棋局 1

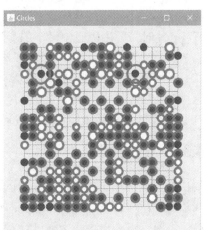
（b）棋局 2

图 4-4　霍夫圆检测结果

霍夫圆检测前一般需要对图像进行平滑处理，当然如果输入图像的圆形比较理想，则可以省略这一步骤。图 4-4（a）在进行平滑处理后识别出了所有的圆，如果不加平滑处理，则结果如图 4-5 所示，图中的黑棋都未被识别出来。不过有时情况恰恰相反，因此是否加平滑处理需要视情况而定，没有绝对的好坏之分，但是，不管是否加平滑处理，霍夫圆检测并不能识别出所有的圆，因此在本案例中并不能用霍夫圆检测的结果判断是否存在棋子。

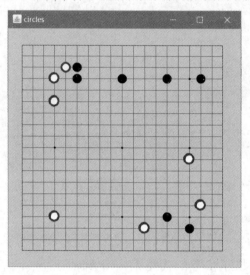

图 4-5　未加平滑处理的霍夫圆检测结果

4.3.3　边界判定

获得线段和圆心的位置以后就可以大致判断棋盘的边界了，但是还需要考虑一种特殊情况。以上边界为例，如果最上方的格子线上没有棋子，则此条水平线的识别不会有问题，这意味着 y 坐标最小的直线其实就是上边界，但是如果上边界上布满了棋子，这条线上就检测不到直线，此时需要用圆心中最小的 y 坐标值来表示上边界。这就是 getEnds() 函数实现的功能。该函数首先对 pcs 数组（霍夫圆检测返回的数组）进行排序，排序时用到了 sort2D1() 函数和 sort2D2() 函数，这两个函数都是对二维数组进行排序的，其中前者根据二维数组第 1 个元素排序，后者根据第 2 个元素排序。排序之后数组首尾就是最小值和最大值，对此值与 4.3.1 节中获得的坐标简单地进行比较后即可获得棋盘边界。

4.3.4　边界验证

得出边界坐标后进行验证是必要的，因为棋局识别是否成功与此密不可分。验证方法已经在 4.1.2 节介绍过，此处不再重复，具体代码见 testEnds() 函数。此函数先计算格子线的坐标，然后将所有圆心与这些坐标进行对比，如果圆心与某个交叉点接近，则表示该圆心得到验证。统计通过验证的圆心数量，如果通过验证的圆心占绝大多数，则认为边界是合理的。

至于绝大多数的标准，可以根据圆心数量设定不同的标准。如果总数较少，则即使有一个未通过验证所占比例也不会小，此时比例可以设定得低一些；反之，如果总数较多，则比例可以设定得高一些。代码中的思路就是如此。验证通过后便可以将所有格子线绘制出来，如图 4-6 所示。

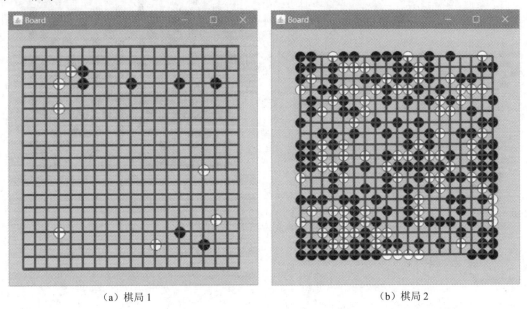

（a）棋局 1　　　　　　　　　　　　　（b）棋局 2

图 4-6　验证通过后绘制的格子线

4.3.5　黑子、白子还是无子

棋盘位置确定之后，棋盘上可以放棋子的 361 个点的坐标也确定下来了，而判断一个位置是黑子、白子还是无子可以用一个简单的方法来判断，程序中实现此功能的是 pieceType() 函数，该函数的原理很简单。当某点放有黑子时，该点附近有大量黑色像素；如放有白子，则圆形轮廓之内几乎没有黑色像素；如果无子，则会有少量黑色像素（未被遮挡的格子线）。只要设置合理的阈值，则该点是黑子、白子还是无子就可很容易地判断出来，而且结果相当准确。

经过上述步骤以后，一个围棋盘面就完全识别出来了。为了把结果形象地展示出来，还需要用绘图函数把结果绘制出来，详见 drawResult() 函数。该函数实际上是从头到尾把棋盘、棋子逐一绘制出来的。程序中先定义了一个白色背景的空白图案，然后计算出所有格子线的坐标并据此绘制空白的棋盘，接着判断每个交叉点处是黑子、白子还是无子，最后用绘图函数把识别出的棋子画出来，绘制的结果如图 4-7 所示。与原图对比后可以发现两者完全一致，识别效果还是相当理想的。

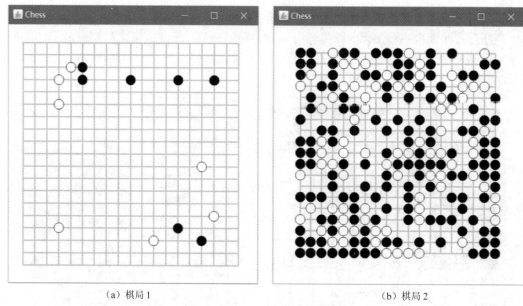

(a) 棋局 1　　　　　　　　　　　　　　　　(b) 棋局 2

图 4-7　根据识别结果绘制的棋局

4.4　完整代码

最后，给出本案例的完整代码：

```java
//第 4 章/GoGame.java

import java.util.Arrays;
import java.util.Comparator;

import org.opencv.core.*;
import org.opencv.highgui.HighGui;
import org.opencv.imgcodecs.Imgcodecs;
import org.opencv.imgproc.Imgproc;

public class GoGame {
    public static int xMin; //棋盘左边界
    public static int xMax; //棋盘右边界
    public static int yMin; //棋盘上边界
    public static int yMax; //棋盘下边界

    public static void main(String[] args) {
        System.loadLibrary(Core.NATIVE_LIBRARY_NAME);

        //读取围棋盘面图像并转换成二值图
```

```java
    Mat src = Imgcodecs.imread("Go1.png");
    Mat gray = new Mat();
    Imgproc.cvtColor(src, gray, Imgproc.COLOR_BGR2GRAY);
    Mat binary = new Mat();
    Imgproc.threshold(gray, binary, 120, 255, Imgproc.THRESH_BINARY);

    //获取棋盘中最外侧的直线位置
    matchLineH(binary);
    matchLineV(binary);

    //获取圆心位置并计算最外侧格子线位置
    int[][] pcs = getPieces(gray);
    getEnds(pcs);
    System.out.println("最上方格子线: " + yMin);
    System.out.println("最下方格子线: " + yMax);
    System.out.println("最左方格子线: " + xMin);
    System.out.println("最右方格子线: " + xMax);

    //测试格子线是否与圆心匹配
    boolean r = testEnds(pcs);

    //输出结果
    if (r) {
        System.out.println("格子线识别成功！");
        drawResult(binary);
    } else {
        System.out.println("格子线识别失败，请确认后重试！");
        System.exit(0);
    }
    System.exit(0);

}

public static int[][] getPieces(Mat gray) {
    //霍夫圆检测
    Mat circles = new Mat();
    Imgproc.GaussianBlur(gray, gray, new Size(3,3), 2);
    Imgproc.HoughCircles(gray, circles, Imgproc.HOUGH_GRADIENT, 1, 10,
            100,30, 5, 30);

    //将圆心保存为二维数组
    int count = circles.cols();
    int[][] p = new int[count][2];
```

```java
        for (int n = 0; n < count; n++) {
            double[] c = circles.get(0, n);
            p[n][0] = (int) c[0]; //圆心的 x 坐标
            p[n][1] = (int) c[1]; //圆心的 y 坐标
        }
        return p;
    }


    public static void matchLineH(Mat src) {
        //在白色背景上画一条水平的黑线
        Mat template = new Mat(3, 20, CvType.CV_8UC1, new Scalar(255));
        Point pt1 = new Point(0, 1);
        Point pt2 = new Point(19, 1);
        Imgproc.line(template, pt1, pt2, new Scalar(0), 1);

        //模板匹配
        Mat result = new Mat();
        Imgproc.matchTemplate(src, template, result,
                Imgproc.TM_CCOEFF_NORMED);

        //搜索匹配值>0.8 的直线,并获取 y 坐标的最大值和最小值
        yMin = src.rows();
        yMax = 0;
        for (int y = 0; y < result.rows(); y++) {
            for (int x = 0; x < result.cols(); x++) {
                double p = result.get(y, x)[0]; //匹配值
                if (p > 0.8) {
                    if (y < yMin)
                        yMin = y;
                    if (y > yMax)
                        yMax = y;
                }
            }
        }
        yMin++;
        yMax++;
    }


    public static void matchLineV(Mat src) {
        //在白色背景上画一条垂直的黑线
        Mat template = new Mat(20, 3, CvType.CV_8UC1, new Scalar(255));
        Point pt1 = new Point(1, 0);
        Point pt2 = new Point(1, 19);
```

```
        Imgproc.line(template, pt1, pt2, new Scalar(0), 1);

        //模板匹配
        Mat result = new Mat();
        Imgproc.matchTemplate(src,template,result,Imgproc.TM_CCOEFF_NORMED);

        //搜索匹配值>0.8 的直线,并获取 x 坐标的最大值和最小值
        xMin = src.cols();
        xMax = 0;
        for (int y = 0; y < result.rows(); y++) {
            for (int x = 0; x < result.cols(); x++) {
                double p = result.get(y, x)[0]; //匹配值
                if (p > 0.8) {
                    if (x < xMin)
                        xMin = x;
                    if (x > xMax)
                        xMax = x;
                }
            }
        }
        xMin++;
        xMax++;
    }

    public static int[][] sort2D1(int[][] arr) {
        //根据二维数组的第 1 个元素排序
        Arrays.sort(arr, new Comparator<int[]>() {
            public int compare(int[] o1, int[] o2) {
                return o1[0] - o2[0];
            }
        });
        return arr;
    }

    public static int[][] sort2D2(int[][] arr) {
        //根据二维数组的第 2 个元素排序
        Arrays.sort(arr, new Comparator<int[]>() {
            public int compare(int[] o1, int[] o2) {
                return o1[1] - o2[1];
            }
        });
        return arr;
    }
```

```java
public static void getEnds(int[][] pcs) {
    //获取棋盘边界,此函数须在模板匹配后
    int total = pcs.length;

    //比较 x 方向直线和圆心何者在外侧
    int[][] c1 = sort2D1(pcs);
    if (c1[0][0] < xMin)
        xMin = c1[0][0];
    if (c1[total - 1][0] > xMax)
        xMax = c1[total - 1][0];

    //比较 y 方向直线和圆心何者在外侧
    int[][] c2 = sort2D2(pcs);
    if (c2[0][1] < yMin)
        yMin = c2[0][1];
    if (c2[total - 1][1] > xMax)
        xMax = c2[total - 1][1];

}

public static boolean inArray(int num, int[] n) {
    //检测 num 是否与数组 n 中的某个值接近
    for (int i = 0; i < 19; i++) {
        if (Math.abs(num - n[i]) < 3.1)
            return true;
    }
    return false;
}

public static boolean testEnds(int[][] pcs) {
    //格子线的位置
    int[] x = new int[19];
    int[] y = new int[19];
    for (int n = 0; n < 19; n++) {
        x[n] = (int) (xMin + (xMax - xMin) / 18.0 * n);
        y[n] = (int) (yMin + (yMax - yMin) / 18.0 * n);
    }

    //统计能匹配到格子线的圆心数量
    int count = 0;
    for (int i = 0; i < pcs.length; i++) {
        int x0 = pcs[i][0];
```

```
                int y0 = pcs[i][1];

                for (int n = 0; n < 19; n++) {
                    if (inArray(x0, x) && inArray(y0, y)) {
                        count++;
                        break;
                    }
                }

            }

            //根据匹配点数量判断边界是否正确
            double rate = (double) count / pcs.length;
            if ((count <= 20) && (rate > 0.85))
                return true;
            if ((count > 20) && (rate > 0.95))
                return true;
            return false;

        }

        public static int pieceType(Mat binary, int x, int y) {
            //截取某位置周边11*11区域
            Mat roi = binary.submat(y - 5, y + 6, x - 5, x + 6);
            Mat sub = new Mat();
            roi.copyTo(sub);

            //根据黑色像素数进行判断
            int count = 121 - Core.countNonZero(sub);
            if (count < 5)
                return 2;          //白子
            if (count > 80)
                return 1;          //黑子
            return 0;              //无子

        }

        public static void drawResult(Mat binary) {
            //颜色设置
            Scalar black = new Scalar(0);
            Scalar white = new Scalar(255);
            Scalar grey = new Scalar(200);
            Mat draw = new Mat(binary.size(), CvType.CV_8UC1, white);
```

```
//格子线位置
int[] x = new int[19];
int[] y = new int[19];
for (int n = 0; n < 19; n++) {
    x[n] = (int) (xMin + (xMax - xMin) / 18.0 * n);
    y[n] = (int) (yMin + (yMax - yMin) / 18.0 * n);
}

//绘制棋盘
for (int n = 0; n < 19; n++) {
    Imgproc.line(draw, new Point(xMin, y[n]), new Point(xMax, y[n]),
        grey, 2);
    Imgproc.line(draw, new Point(x[n], yMin), new Point(x[n], yMax),
        grey, 2);
}

//判断棋子种类并绘制
for (int i = 0; i < 19; i++) {
    for (int j = 0; j < 19; j++) {
        int x0 = x[i];
        int y0 = y[j];
        Point pt = new Point(x0, y0);
        int t = pieceType(binary, x0, y0);
        if (t == 0)
            continue;
        if (t == 1) { //黑子
            Imgproc.circle(draw, pt, 12, black, -1);
        } else {        //白子
            Imgproc.circle(draw, pt, 12, black, 1);
            Imgproc.circle(draw, pt, 10, white, -1);
        }
    }
}

//在屏幕上显示绘制的图像
HighGui.imshow("Chess", draw);
HighGui.waitKey(0);
}

}
```

程序运行后,控制台将输出如图 4-8 所示的信息(输入文件为 Go1.png)。

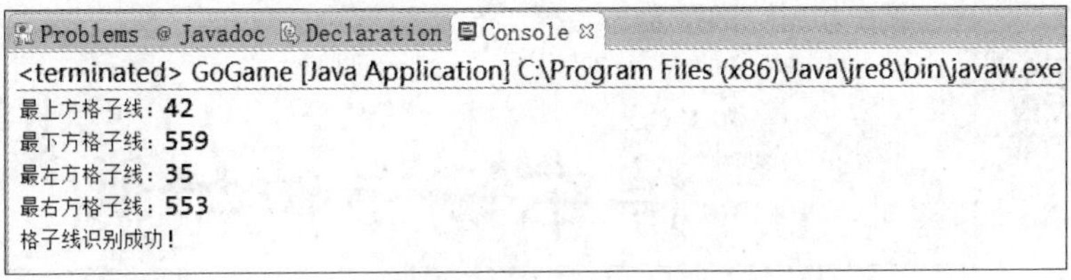

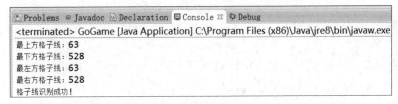

图 4-8 控制台输出的结果(棋局 1)

如果输入文件为 Go2.png,则控制台将输出如图 4-9 所示的信息。

图 4-9 控制台输出的结果(棋局 2)

除了上述信息外,屏幕上还将显示识别出的棋局,如图 4-7 所示。

第 5 章

停车场车位检测

5.1 概述

随着国人生活水平的提高，汽车已经进入千家万户，停车难的问题也越来越突出。在寻找停车位时，能够实时提供车位信息的停车场大受欢迎，本章将给出一个根据图像自动检测车位的案例。

5.1.1 案例描述

本案例采用一张停车场的俯视图，如图 5-1 所示。这是一个有着 150 个车位的停车场，车位共有 6 排，每排 25 个，车位用白线标出。

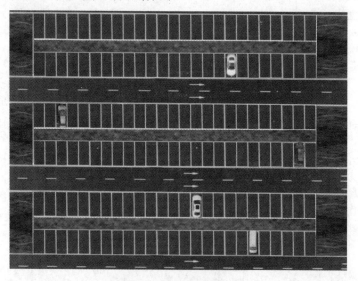

图 5-1 停车场俯视图

5.1.2 案例分析

一般来讲，停车场的图像是从固定的监控摄像头采集的，因此各车位的位置都是已知的。在本案例中车位上的白线比较整齐，车位大小也基本一致，因此即使不知道车位坐标也可以直接从图像中提取车位信息。

提取这些白线的方法类似于第 4 章中提取围棋棋盘格子线的方法，不过现实中的白线不可能像计算机生成的图像那样整齐划一，因此在进行模板匹配前需要先进行边缘检测，对边缘图像的质量要求也较高，Canny 边缘检测将是较为理想的选择。通过这一步希望提取出如图 5-2 所示的线条，根据这些线条就可以计算出每个停车位的位置。

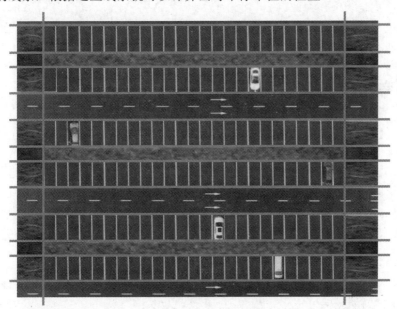

图 5-2　希望提取的线条

车位坐标确定后可以根据颜色信息来判断车位上是否有车，此时需要区分有车和无车时的颜色特征。

无车时车位的特征主要是以下两条：

（1）颜色均一。

（2）底色为较深的灰色。

有车时的特征较为复杂，在大多数情况下颜色并不均匀，例如车窗处的颜色会与车身明显不同，但是少数情况下车体颜色均匀也是可能的，此时就需要通过色彩值是否接近深灰色进行判断。技术上实现上述区分并不难，可以借鉴第 2 章中魔方色块的识别方法。

5.2　总体设计

5.2.1　系统需求

本案例只需 OpenCV，不需要任何第三方库。

5.2.2　总体思路及流程

根据上述分析，本案例的总体流程如下：
（1）Canny 边缘检测。
（2）模板匹配提取水平和垂直的线条。
（3）过滤重复线条并验证。
（4）颜色判断。
（5）判断有车无车并输出结果。

5.3　停车位车位检测的实现

5.3.1　Canny 边缘检测

在本案例中需要通过 Canny 边缘检测提取较为清晰的边缘图像，相关代码在 runCanny()
函数中，其中的关键代码如下：

```
Imgproc.cvtColor(src, gray, Imgproc.COLOR_BGR2GRAY);
Imgproc.Canny(gray, canny, 50, 200, 3, false);
```

经过 Canny 边缘检测后的结果如图 5-3 所示。从图中可以看出，有车的车位有车体轮廓
的线条，而无车处则比较干净，根据此特征其实也可以判断是否有车，不过既然通过颜色特
征已可区别也就无此必要了。

图 5-3　Canny 边缘检测结果

5.3.2 模板匹配

接下来通过模板匹配找出水平和垂直的直线，同样分为 matchLineH()函数和 matchLineV()函数。该函数的基本思想和围棋盘面识别类似，但是为了能匹配到所有有用的线条，模板图像的大小设为 100×3 像素。模板中的直线如果太短，则会导致匹配结果中出现有箭头等标志的线条，如果太长，则可能错过重要的线条。由于匹配出的线条中 y 坐标相同的情况较多，代码中用 pt 数组保存结果，检测到线条的坐标用 1 标记，未检测到的则标为 0。

5.3.3 过滤及验证

模板匹配时通过数组标记的方法避免坐标相同的线条重复出现，但即便如此也无法避免坐标相近的线条重复出现，例如 y 坐标为 7 和 8 处可能都检测出线条，此时需要将重复的线条过滤掉，程序中用 combineLine()函数来过滤。该函数的原理非常简单，如果相邻的两个坐标值非常接近，则直接跳过后面的坐标，这样重复值就被过滤掉了。过滤后还需要对有关线条的数量和距离进行简单验证，相关代码见 checkLines()函数。通过验证后可以将所有车位绘制出来，具体代码见 drawBlocks()函数，绘制结果如图 5-4 所示。

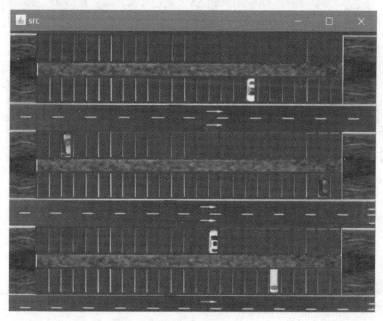

图 5-4 验证后车位的绘制结果

5.3.4 颜色识别

下一步是本案例的关键：通过颜色特征判断车位上是否有车。检测原理在 5.1.2 节已经介绍过，具体代码见 carColor()函数。该函数中的代码与魔方色块的颜色识别类似，函数中的 rec 参数代表车位的矩形区域。函数通过 RGB 模式识别颜色，在此模式下灰色的 R、G、B 值非常接近。如果 R、G、B 值中任一个值与均值相差较大，则认为该颜色不是灰色。为了识别深灰色，可以将均值限制在较低范围。颜色是否均一可以通过标准差来判断，与魔方案例中类似。

5.3.5 车位检测

上述 carColor()函数可判断某区域内是否停有车辆，对所有车位进行检测后即可获得结果，程序中通过 testAll()函数完成此任务，识别的结果如图 5-5 所示。

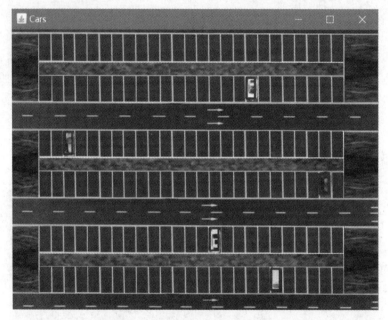

图 5-5 车位中是否停车的检测结果

5.4 完整代码

最后，给出本案例的完整代码：

```
//第 5 章/ParkingLot.java

import org.opencv.core.*;
import org.opencv.highgui.HighGui;
import org.opencv.imgcodecs.Imgcodecs;
import org.opencv.imgproc.Imgproc;
```

```java
public class ParkingLot {

    public static int left;
    public static int right;

    public static void main(String[] args) {
        System.loadLibrary(Core.NATIVE_LIBRARY_NAME);

        //读取图像并提取边缘
        Mat src = Imgcodecs.imread("Parking.png");
        Mat binary = runCanny(src);

        //获取水平和垂直方向的直线
        int[] p0 = matchLineH(binary);
        int[] py = combineLine(p0);
        int[] p1 = matchLineV(binary);
        int[] px = combineLine(p1);

        //验证车位边界值是否适当
        boolean pass = checkLines(px, py);
        if (!pass) {
            System.out.println("未找到适合的车位边界,请确认后重试!");
            System.exit(0);
        }

        //绘制所有车位
        left = px[0];
        right = px[1];
        drawBlocks(src, py);

        //测试所有车位是否有车并绘制测试结果
        testAll(src, py);

        System.exit(0);
    }

    public static Mat runCanny(Mat src) {
        //对图像进行边缘检测
        Mat gray = new Mat();
        Mat canny = new Mat();
        Imgproc.cvtColor(src, gray, Imgproc.COLOR_BGR2GRAY);
        Imgproc.Canny(gray, canny, 50, 200, 3, false);
```

```
            //显示检测结果
            HighGui.imshow("Canny", canny);
            HighGui.waitKey(0);
            return canny;
        }

public static int[] matchLineH(Mat src) {
        //在白色背景上画一条水平的黑线
        Mat template = new Mat(3, 100, CvType.CV_8UC1, new Scalar(255));
        Point pt1 = new Point(0, 1);
        Point pt2 = new Point(99, 1);
        Imgproc.line(template, pt1, pt2, new Scalar(0), 1);

        //模板匹配
        Mat result = new Mat();
        Imgproc.matchTemplate(src,template,result,Imgproc.TM_CCOEFF_NORMED);

        //搜索匹配值>0.7的直线,标记 y 坐标的值
        int rows = src.rows();
        int[] pt = new int[rows];
        for (int y = 0; y < result.rows(); y++) {
            for (int x = 0; x < result.cols(); x++) {
                double p = result.get(y, x)[0];  //匹配值
                if (p > 0.7) {
                    pt[y] = 1;
                }
            }
        }

        return pt;
    }

public static int[] matchLineV(Mat src) {
        //在白色背景上画一条垂直的黑线
        Mat template = new Mat(100, 3, CvType.CV_8UC1, new Scalar(255));
        Point pt1 = new Point(1, 0);
        Point pt2 = new Point(1, 99);
        Imgproc.line(template, pt1, pt2, new Scalar(0), 1);

        //模板匹配
        Mat result = new Mat();
        Imgproc.matchTemplate(src,template,result, Imgproc.TM_CCOEFF_NORMED);
```

```
            //搜索匹配值>0.7的直线,标记x坐标的值
            int cols = src.cols();
            int[] pt = new int[cols];
            for (int y = 0; y < result.rows(); y++) {
                for (int x = 0; x < result.cols(); x++) {
                    double p = result.get(y, x)[0];  //匹配值
                    if (p > 0.7) {
                        pt[x] = 1;
                    }
                }
            }

            return pt;
        }

        public static int[] combineLine(int[] p0) {
            int last = -5;
            int num = p0.length;
            int[] p1 = new int[num];
            int n = 0;                           //有效数组长度
            for (int i = 0; i < num; i++) {
                if (p0[i] == 1) {
                    if (i - last > 3) {        //坐标接近的只取1个
                        p1[n] = i;
                        n++;
                        last = i;
                    }
                }
            }

            //复制数组（数组长度已确定）
            int[] p = new int[n];
            for (int i = 0; i < n; i++) {
                p[i] = p1[i];
            }

            return p;
        }

        public static boolean checkLines(int[] px, int[] py) {
            if (px.length!=2) return false;
            if (py.length!=12) return false;
            int rows = py.length / 2;
```

```java
        if (px[1] - px[0] < 300)            //车位不够宽
            return false;
        for (int i = 0; i < rows; i++) {
            if (py[2*i+1] - py[2*i] < 30) //车位不够高
                    return false;
        }

        return true;
    }

    public static void drawBlocks(Mat src, int[] py) {
        //将原图像复制到draw中
        Mat draw = new Mat();
        src.copyTo(draw);
        Scalar color = new Scalar(0, 0, 255);
        double width = (right - left) / 25.0;

        //将所有车位用矩形标出
        for (int i = 0; i < 25; i++) {
            int x = left + (int) (width * i);
            int rows = py.length / 2;
            for (int j = 0; j < rows; j++) {
                Rect rec=new Rect(x, py[2*j],(int) width, py[2*j+1]- py[2*j]);
                Imgproc.rectangle(draw, rec, color, 3);
            }
        }

        //在屏幕上显示所有车位
        HighGui.imshow("Blocks", draw);
        HighGui.waitKey(0);
    }

    public static boolean carColor(Mat bgr, Rect rec) {
        //截取车位大小区域
        Mat sub = new Mat();
        Mat roi = bgr.submat(rec);
        roi.copyTo(sub);

        //获取均值和标准差
        MatOfDouble matMean = new MatOfDouble();
        MatOfDouble matStd = new MatOfDouble();
        Core.meanStdDev(sub, matMean, matStd);
        double std = matStd.get(0, 0)[0]; //标准差
```

```
        double b = matMean.get(0, 0)[0];
        double g = matMean.get(1, 0)[0];
        double r = matMean.get(2, 0)[0];
        double avg = (b + g + r) / 3.0;

        if (std > 50)                         //色彩不均匀的
            return true;

        if ((avg < 30) || (avg > 90))         //色彩太亮或太暗的
            return true;

        if ((Math.abs(b - avg) > 5) || (Math.abs(g - avg) > 5)
                || (Math.abs(r - avg) > 5))
            return true;                      //非灰色系的

        return false;

    }


    public static void testAll(Mat src, int[] py) {
        Mat draw = new Mat();
        src.copyTo(draw);
        Scalar color = new Scalar(0, 0, 255);
        double width = (right - left) / 25.0;
        for (int i = 0; i < 25; i++) {
            int x = left + (int) (width * i);
            int rows = py.length / 2;
            for (int j = 0; j < rows; j++) {
                Rect rec = new Rect(x + 3, py[2 * j] + 5, (int) width - 6,
                        py[2 * j + 1] - py[2 * j] - 10);
                if (carColor(src, rec)) {
                    Imgproc.rectangle(draw, rec, color, 3);
                }
            }
        }

        HighGui.imshow("Cars", draw);
        HighGui.waitKey(0);
    }

}
```

第6章

车道线检测

6.1 概述

无人驾驶技术如今方兴未艾，许多高科技公司在深入研究、积极布局，车道线检测也是无人驾驶涉及的众多技术中的一个分支。

6.1.1 案例描述

本案例将从一个视频文件中提取白色的车道线并将其标出，视频中的图像样例如图 6-1 所示。

图 6-1　视频中的图像样例

6.1.2 案例分析

与前几章不同，本案例读取的是视频文件。对视频文件的处理自然要比对图像文件的处理要复杂一些，但是视频文件本身是由一系列图像构成的，因此只要从视频中提取出独立的帧，然后按照图像处理的方法进行处理即可。

处理视频需要用到 OpenCV 中的 VideoCapture 类和 VideoWriter 类，其中前者用于读视频，后者用于写视频。

　　读取到需要的图像帧之后，如何提取其中的车道线是本案例的关键。由于车道线一般为白色和黄色，因此根据图像中的色彩信息即可读取车道线的信息，但是，画面中呈现白色的除了车道线以外可能还有其他景物。例如，阴雨天时天空的颜色就接近白色，路旁的栏杆等物也可能近似白色。那么如何把不需要的景物排除掉呢？

　　一般来讲，类似的视频中车道线都位于摄像头的前方，并且汇聚于画面的中央处，因此，只需在图像中设定如图 6-2 所示的区域，将区域外的干扰信息排除。设定的区域可根据需要确定，可以是三角形或梯形区域，在本案例中设定为梯形。

图 6-2　设置限定区域的示意图

　　当然，即使在设定区域以后，有时也会出现一些细碎的轮廓。要将它们排除掉并不难，只需根据轮廓的长和宽进行简单筛选。筛选完以后一般车道线就凸显出来了，此时可以用拟合直线等方法将车道线标记出来。根据需要，还可标记车道线将要拐弯的信息。

6.2　总体设计

6.2.1　系统需求

本案例只需 OpenCV，不需要任何第三方库。

6.2.2　总体思路及流程

根据上述分析，本案例的总体流程如下：

（1）读取视频。

（2）提取白色部分。

（3）设定梯形区域。

（4）提取车道线轮廓。

（5）标记车道线及拐弯信息。

6.3 车道线检测的实现

6.3.1 读取视频

如前所述，读取视频需要用到 OpenCV 中的 VideoCapture 类，具体可分为以下 5 步。

（1）创建 VideoCapture 对象。

（2）用 VideoCapture.open()函数打开视频文件。

（3）用 VideoCapture.isOpened()函数确认视频文件是否被成功打开。

（4）用 VideoCapture.read()函数读取一帧图像。

（5）用 VideoCapture.release()函数释放资源。

程序中的 main()函数展示了读取视频的整个过程，代码如下：

```java
public static void main(String[] args) {
    System.loadLibrary(Core.NATIVE_LIBRARY_NAME);

    //创建 VideoCapture 对象并打开视频文件
    VideoCapture vc = new VideoCapture();
    vc.open("drive.mp4");

    //确认视频是否被成功打开
    if (!vc.isOpened()) {
        System.out.println("Unable to load video!");
        System.exit(-1);
    }

    //循环读取视频
    Mat frame = new Mat();
    while (vc.isOpened()) {
        //读取一帧图像
        vc.read(frame);
        if (frame.empty())
            break;  //若读取完毕,则退出循环

        //处理一帧图像并在屏幕上显示
        Mat newFrame = oneFrame(frame);
        HighGui.imshow("out", newFrame);
        int index = HighGui.waitKey(100);

        //如按 Esc 键,则退出
        if (index == 27) {
```

```
            break;
        }
    }

    vc.release();
    System.exit(0);

}
```

代码先创建了一个 VideoCapture 对象，然后用它打开视频文件 drive.mp4 并确认是否被成功打开，打开失败大多是因为文件不存在或格式错误造成的。接下来需要循环读取每帧图像并对图像进行处理，处理过程都在 oneFrame()函数中完成，这部分将在稍后介绍。

在循环读取过程中，有两种特殊情况需要考虑，一种是视频读取完之后的处理，另一种是需要人工干预提前退出。程序中用 frame.empty()函数判断视频是否读取完毕，如是，则退出循环并释放 VideoCapture 对象占用的资源。如果视频较长，需要人工干预提前退出，则可以通过 waiteKey()函数的返回值来判断。程序中当返回值为 27 时将退出循环，该键值代表 Esc 键，即当用户按下 Esc 键后，即使视频图像尚未读完也会退出程序。

6.3.2 白色像素

提取图像中的白色部分有多种方法，在本案例中用 OpenCV 的 threshold()函数实现，代码参见 makeBinary()函数。该函数是一个标准的二值化程序，其中 threshold()函数中的阈值设得较高（180），处理完成后图像被分成黑白两部分，白色部分就是需要的部分，如图 6-3 所示。图中白色区域除了车道线以外，还包括大片的天空及路旁的栏杆，这些干扰信息可以通过上文介绍的方法筛选掉。

图 6-3　二值化处理结果

6.3.3　限定范围

如 6.1.2 节所述，为了将天空等干扰部分去除掉，可以通过一个梯形区域对范围进行限定。该过程可以分成两部分，首先可以在一个空白背景上绘制一个梯形区域，然后将该图像与原图像进行与运算，保留下来的就是车道线了。

绘制梯形区域的代码见 drawPoly()函数。该函数的主体部分调用了绘制实心多边形的 fillPoly()函数，该函数的第 2 个参数 pts 是多边形的顶点集。需要注意的是其数据类型，它是 MatOfPoint 对象的列表，每个 MatOfPoint 对象代表一个顶点。该函数绘制出的梯形如图 6-4 所示。

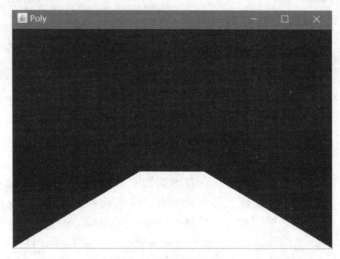

图 6-4　限定范围的梯形

将图 6-4 与 6.3.2 节生成的白色区域图像（图 6-3）通过与运算后即可获得梯形范围内的图像。与运算是一种常用的像素运算，它的原理很简单：无论是 0 还是 1，与 0 进行与运算后都是 0，与 1 进行与运算后都会得到其本身。在灰度图中，白色像素的像素值是 255，二进制中每位都是"1"，因此与白色的梯形进行与运算后任何图形都将保持原样；黑色像素的二进制中每位都是"0"，与任何图形进行与运算结果都是 0，即黑色。这样与运算的结果是梯形范围内的图像保持原样，而梯形外部则全部变成黑色，这就是需要的结果，如图 6-5 所示。除了车道线外，图中还有少量细碎的线条，这些将在后面的代码中进行处理。

6.3.4　延伸部分

如果将上述图像与原图进行对照，则可以发现车道线被截掉了一部分，而那部分是需要保留的。不难发现，被截取部分与保留的车道线是连成一体的，可以通过连通域把它恢复。

OpenCV 中有一个函数可用来标记图像中的连通域，其原型如下：

图 6-5　限定范围内的白色部分

```
int Imgproc.connectedComponents(Mat image, Mat labels, int connectivity, int ltype)
```
函数用途：标记图像中的连通域。

【参数说明】
(1) image：需要标记的 8 位单通道图像。
(2) labels：标记不同连通域后的输出图像。
(3) connectivity：标记连通域时的邻域种类，8 代表 8 邻域，4 代表 4 邻域。
(4) ltype：输出图像的标签类型，目前支持 CV_32S 和 CV_16U 两种。

为了定位具体某个连通域，需要获得每个轮廓上的至少一个点的坐标，程序中用 contourPoint()函数实现。该函数调用了提取轮廓的 findContours()函数，该函数的第 2 个参数 contour 即提取出的轮廓（点集）。函数在每个轮廓上取第 1 个点的坐标，然后将所有的点组成一个二维数组返回，根据这个点集就可以定位相应的连通域了。

接下来，drawLabels()函数将这些点涉及的连通域逐个画出，这样被截取的车道线就恢复了。该函数首先调用 connectedComponents()函数对连通域进行标记，标记结果在 labels 中，labels 中某坐标的值就是该点的标签号，所有标签号相同的像素都属于同一个连通域。接下来只要遍历整个矩阵，将相关标签号的点在空白图像上绘制出来即可，绘制的结果如图 6-6 所示。可以看到，被截掉的车道线又恢复原状了。代码中调用的 isInArray()函数用于查找某个标签值是否在数组中。

6.3.5　标记车道线

下一步是将干扰的线条去掉，然后将剩余的车道线标记出来。如果车道线呈直线，则通过 OpenCV 中的 fitLine()函数即可将一个连通域拟合成一条直线；如果情况较为复杂，车道线呈曲线，OpenCV 没有函数直接拟合成曲线，则需要另行解决。在本案例中的车道线基本

图 6-6　车道线延伸部分恢复后

呈直线，因此就用一条直线代表了，不过实现方式并非前面介绍的直线拟合，而是使用最小外接矩形。使用最小外接矩形，如图 6-7 所示。

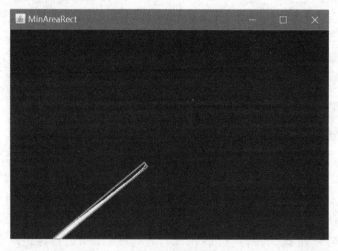

图 6-7　用最小外接矩形模拟直线

　　最小外接矩形是一个旋转矩形，有宽度和高度，而一般意义上的直线是没有高度（粗细）的，虽然在绘制时可以定义其粗细，但那是人为定义的，并非直线的本来特征。图 6-7 中的旋转矩形如果需要用一条直线代表，则只要将两条短边的中点相连即可。

　　除此之外，这个矩形还能在一定程度上提供车道线是否即将拐弯的信息。假设前方道路即将拐弯，此时车道线会发生弯曲，如图 6-8 所示，此时最小外接矩形的高度将明显加大。如果用一个量化的指标来表达，则宽度除以高度（假设宽度大于高度）的比例（以下称为"宽高比"）就是一个简单有效的指标。当然，仅凭这一个指标还不能完全确定前方即将转弯。如果前方车道线突然中断或者车道线变窄，则同样会使"宽高比"变大，但是对于同一条车道线来讲，如果在连续几帧图像内"宽高比"持续大幅升高，则往往预示着前方即将转弯，再辅以其他指标则判断会相当准确。在本案例中仅将"宽高比"以数值形式在车道线旁标出以供参考。这部分代码，连同绘制直线的部分都包含在 drawLine()函数中。

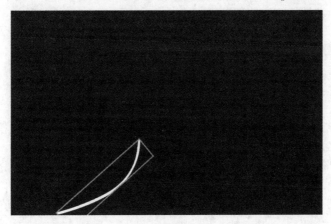

图 6-8　转弯处车道线的最小外接矩形

上述的 drawLine()函数用于处理一个最小外接矩形，即一条车道线，而处理画面中所有车道线的是 markLine()函数。该函数从二值化的图像中提取轮廓，然后获取每个轮廓的最小外接矩形，并根据外接矩形的宽和高进行筛选，太小的轮廓将直接被过滤掉，这样，图 6-6 中那些细碎的干扰线条就被去除了。

经过上述处理后，车道线和"宽高比"将被绘制在图中，如图 6-9 所示。为了使车道线更为显眼，本案例选择在二值图上绘制车道线，当然根据需要也可直接在彩色图像上绘制。

图 6-9　识别出的车道线标记结果

最后，将上述几步串联起来即组成处理一帧图像的 oneFrame()函数，见完整代码。

6.4　完整代码

最后，给出本案例的完整代码：

```java
//第 6 章/LaneDetect.java

import java.util.ArrayList;
import java.util.List;

import org.opencv.core.*;
import org.opencv.highgui.HighGui;
import org.opencv.imgproc.Imgproc;
import org.opencv.videoio.*;

public class LaneDetect {

    public static void main(String[] args) {
        System.loadLibrary(Core.NATIVE_LIBRARY_NAME);

        //创建 VideoCapture 对象并打开视频文件
        VideoCapture vc = new VideoCapture();
        vc.open("drive.mp4");

        //确认视频是否被成功打开
        if (!vc.isOpened()) {
            System.out.println("Unable to load video!");
            System.exit(-1);
        }

        //循环读取视频
        Mat frame = new Mat();
        while (vc.isOpened()) {
            //读取一帧图像
            vc.read(frame);
            if (frame.empty())
                break; //若读取完毕,则退出循环

            //处理一帧图像并在屏幕上显示
            Mat newFrame = oneFrame(frame);
            HighGui.imshow("out", newFrame);
            int index = HighGui.waitKey(100);
```

```
        //如按 Esc 键则退出
        if (index == 27) {
            break;
        }
    }

    vc.release();
    System.exit(0);

}

public static Mat makeBinary(Mat src) {
    //将图像转换成二值图
    Mat gray = new Mat();
    Imgproc.cvtColor(src, gray, Imgproc.COLOR_BGR2GRAY);
    Mat binary = new Mat();
    Imgproc.threshold(gray, binary, 180, 255, Imgproc.THRESH_BINARY);
    return binary;
}

public static Mat drawPoly(Size size) {
    //矩形的顶点
    double w = size.width;
    double h = size.height;
    Point[] pt = new Point[4];
    pt[0] = new Point(0.6 * w, h * 0.65);
    pt[1] = new Point(0.4 * w, h * 0.65);
    pt[2] = new Point(0, h);
    pt[3] = new Point(w, h);

    //参数准备
    MatOfPoint mop = new MatOfPoint(pt);
    List<MatOfPoint> pts = new ArrayList<MatOfPoint>();
    pts.add(mop);

    //在黑色背景上绘制实心的矩形
    Mat mat = Mat.zeros(size, CvType.CV_8UC1);
    Imgproc.fillPoly(mat, pts, new Scalar(255));

    return mat;
}

public static int[][] contourPoint(Mat gray) {
```

```
                //获取轮廓
                List<MatOfPoint> contour = new ArrayList<MatOfPoint>();
                Imgproc.findContours(gray, contour, new Mat(), Imgproc.RETR_TREE,
                        Imgproc.CHAIN_APPROX_SIMPLE);

                //获取轮廓上一个点的坐标
                int num = contour.size();
                int[][] pt = new int[num][2];
                for (int n = 0; n < num; n++) {
                    Mat m = contour.get(n);
                    pt[n][0] = (int) m.get(0, 0)[0]; //x坐标
                    pt[n][1] = (int) m.get(0, 0)[1]; //y坐标
                }

                return pt;
        }

        public static boolean isInArray(int n, int[] arr) {
            for (int i = 0; i < arr.length; i++) {
                if (arr[i] == n) return true;
            }
            return false;
        }

        public static Mat drawLabels(Mat all, int[][] pt) {
            //计算连通域
            Mat labels = new Mat(all.size(), CvType.CV_32S);
            Imgproc.connectedComponents(all, labels, 8, CvType.CV_32S);

            //pt数组中点的标签Id
            int[] lab = new int[pt.length];
            for (int i = 0; i < pt.length; i++) {
                lab[i] = (int) labels.get(pt[i][1], pt[i][0])[0];
            }

            //绘制相关的连通域
            Mat dst = Mat.zeros(all.size(), all.type());
            for (int i = 0; i < all.rows(); i++) {
                for (int j = 0; j < all.cols(); j++) {
                    int label = (int) labels.get(i, j)[0];
                    if (isInArray(label, lab)) {
                        dst.put(i, j, 255);
                    }
```

```java
        }
    }

    return dst;
}

public static long drawLine(Mat draw, float[] p) {
    //获取旋转矩形两个较短边的中点
    double len1 = Math.sqrt((p[2] - p[0]) * (p[2] - p[0]) + (p[3] - p[1])
            * (p[3] - p[1]));
    double len2 = Math.sqrt((p[2] - p[4]) * (p[2] - p[4]) + (p[3] - p[5])
            * (p[3] - p[5]));
    long rate;
    Point pt1 = new Point();
    Point pt2 = new Point();
    if (len1 > len2) {
        pt1 = new Point((p[0] + p[6]) / 2, (p[1] + p[7]) / 2);
        pt2 = new Point((p[2] + p[4]) / 2, (p[3] + p[5]) / 2);
        rate = Math.round(len1 / len2);

    } else {
        pt1 = new Point((p[0] + p[2]) / 2, (p[1] + p[3]) / 2);
        pt2 = new Point((p[4] + p[6]) / 2, (p[5] + p[7]) / 2);
        rate = Math.round(len2 / len1);
    }

    //在两点间画直线并标记倍率
    Scalar color = new Scalar(0, 0, 255);
    Imgproc.line(draw, pt1, pt2, color, 5);
    Point mid = new Point((pt1.x + pt2.x + 60) / 2, (pt1.y + pt2.y) / 2);
    if (len1 + len2 > 100) {
        Imgproc.putText(draw, String.valueOf(rate), mid,
                Imgproc.FONT_HERSHEY_SIMPLEX, 1, color, 3);
    }

    return rate;
}

public static Mat markLine(Mat binary, Mat draw) {
    //检测轮廓
    List<MatOfPoint> contour = new ArrayList<MatOfPoint>();
    Imgproc.findContours(binary, contour, new Mat(), Imgproc.RETR_TREE,
            Imgproc.CHAIN_APPROX_SIMPLE);
```

```java
                //转换为彩色图像
                Mat img = new Mat();
                draw.copyTo(img);
                Imgproc.cvtColor(img, img, Imgproc.COLOR_GRAY2BGR);

                //用直线绘制轮廓
                MatOfPoint2f dst = new MatOfPoint2f();
                for (int n = 0; n < contour.size(); n++) {
                    //获取最小外接矩形,太小的忽略
                    contour.get(n).convertTo(dst, CvType.CV_32F);
                    RotatedRect rect = Imgproc.minAreaRect(dst);
                    if (rect.size.width + rect.size.height < 80) continue;

                    //最小外接矩形的 4 个顶点坐标
                    Mat pts = new Mat();
                    Imgproc.boxPoints(rect, pts);        //4 个顶点
                    float[] data = new float[8];
                    pts.get(0, 0, data);                 //保存为数组

                    //绘制直线
                    drawLine(img, data);
                }

                return img;
            }


        public static Mat oneFrame(Mat frame) {
                //二值化并与掩码进行与运算
                Mat binary = makeBinary(frame);
                Mat mask = drawPoly(frame.size());    //掩码
                Mat part = new Mat();
                Core.bitwise_and(binary, mask, part);//与运算

                //提取车道线并用直线标记
                int[][] pt = contourPoint(part);         //每个轮廓取一个点
                Mat img = drawLabels(binary, pt);        //绘制相连部分
                Mat draw = markLine(img, binary);

                return draw;
            }


        }
```

第 7 章

汉 字 识 别

7.1 概述

文字识别是一个应用十分广泛但又非常复杂的领域。根据字符集的不同，文字识别又可分为数字识别、拉丁字母识别、汉字识别等，其中汉字的识别由于字符集庞大、结构复杂等特点显得尤为棘手。本章将从文字识别的原理出发，介绍如何用 OpenCV 进行汉字识别。

文字识别的方法大致可分为基于机器学习的方法和非机器学习的方法。一些常见的开源 OCR 识别工具，例如 Tesseract，多是基于机器学习的，有关内容将在第 9 章详细介绍。本章主要介绍非机器学习的方法，此类方法一般是基于文字的某些特征进行识别的。

7.2 汉字结构

汉字是一个庞杂的体系，目前常用的汉字集有以下两个。

（1）GB2312：共收录 6763 个汉字。

（2）GBK：共收录 21 003 个汉字。

即使是 GBK 的 21 003 个汉字，也仅仅是中国历史上出现过的汉字中的一小部分，尚不到《康熙字典》（共收录汉字 47 035 个）中收录汉字数的一半。

汉字从结构上可以分成 3 个层次，如图 7-1 所示。

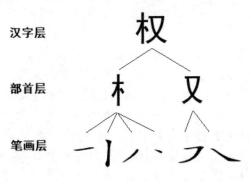

图 7-1 汉字结构的 3 个层次

《说文解字》首创了部首这一概念，将汉字分为 540 个部首。部首层之下则是笔画层，通常，笔画被分为横、竖、撇、捺、折五类。为了方便应用，有时也会分离出点、提、钩等笔画。

对于笔画较少的部首和汉字，依靠笔画基本就能识别，但是对于复杂的汉字来讲，仅仅依靠笔画是不够的，此时，先识别部首再识别汉字是明智的选择。

为了正确地识别汉字，对部首进行合理分类就成了问题的关键，在此问题上，汉字输入法，特别是形码，对汉字的分类进行了大量研究，其中的智慧可供借鉴，但是，为了减少重码，这些输入法往往将一个完整的部首拆解为细碎的字根。例如，有的输入法将"尹、夷、中"等字拆解如下。

（1）尹：彐、丿。

（2）夷：一、弓、人。

（3）中：口、丨。

这样的拆法既不直观又难于记忆，从而造成了非常高的学习成本，也使大量的初学者放弃形码转而使用拼音码。在汉字识别研究中，笔者发现，将输入法与汉字识别有机地结合能达到事半功倍的效果，笔者还研究出一套既适合汉字输入，又适合汉字识别的汉字编码法，该编码法的基本思想如图 7-2 所示。

图 7-2 汉字编码法示意图

此编码法的目的不是完全消除重码，而是在没有记忆负担的前提下尽量减少重码。该编码法有以下 3 个核心原则：

（1）"交叉不能拆"，即互相交叉的笔画在拆分后不能分离，如上文中的"尹、夷、中"都是不可拆分的。此原则保证了字根的完整性，而且非常好判断，更无须记如何拆字。

（2）"分隔非字根"，即凡是被某笔画或部件分隔的笔画之间不能组合成字根；如"办"的两点不能组合成"八"字，因而"办"不能被拆分成"力"和"八"。

（3）不能拆分出两个字根的汉字即为字根，如（2）中的"办"。

基于上述 3 个原则，再结合一些简单的规则，可以对汉字进行简单高效的编码，此编码法的完整介绍可参见附录 B。

此编码法在进行汉字识别时也很有效。为了便于说明，下面将汉字形态中用于特征识别的点（以下简称"识别点"，称为"特征点"似乎更为贴切，称为"识别点"主要是为了避免与 OpenCV 中的特征点混淆）定义如下。

（1）端点：笔画开始或结束处。

（2）交叉点：笔画相交处。

（3）连接点：笔画相连但不交叉处。

（4）转折点：笔画转折处。

上述识别点的样例如图 7-3 所示。

在上述识别点中，无论字体如何改变，端点和交叉点都是确定的，但是连接点和转折点却具有模糊性。例如，如果将"龙"字写成如图 7-4 所示的样子，则这个字仍然是"龙"字，不会有任何混淆，但是原来的连接点却消失了。同理，把图中的转折点的弧度变大一点也仍然是"龙"字，但是转折点可能变得不易分辨。由此可见，在汉字的识别中，端点和交叉点较为可靠，而连接点和转折点则不太可靠，笔者设计的汉字编码法的"交叉不能分"这一核心原则，使在汉字识别时可以最大限度地利用编码法中的汉字分类，从而提高识别效率。

图 7-3 汉字中的识别点

图 7-4 "龙"字的另一种写法

在图像形态学中，连通域是一个非常重要的概念，而只要笔画发生交叉，那么这两个笔画必然构成同一个连通域。由此可见，交叉点在汉字识别中有着极其重要的作用。

下面将通过一个案例对汉字识别的思想及方法进行介绍。

7.3 案例描述

本案例将通过笔画识别的方法对一些简单的部首进行识别，用于识别的图像是一张 125×24 像素的彩色图片（绝大部分像素为黑色，少量为彩色），放大后如图 7-5 所示。

图 7-5 用于识别的汉字图像

图中的每个汉字都是 25×24 像素大小，汉字的笔画较细，厚度一般为 2 像素左右。汉字的分割十分简单，只需根据宽度进行分割。当然，由于汉字的复杂性，在本案例中的方法并不具备通用性，因而本案例更多是通过 OpenCV 的方法来介绍汉字识别的原理和方法。

7.4 汉字识别的实现

7.4.1 二值化

由于输入图像是彩色的，所以第 1 步需要将其转换成二值图，此处用 threshold()函数即可，不过为了保持笔画的完整性，阈值应设得高一些，程序中将阈值设为 180，相关代码见 makeBinary()函数。

7.4.2 连通域

为了便于识别，首先要将一个汉字分解成各不相连的几部分，例如"义"字可以分解成"、"和"义"，"斗"字可以分解成两个"、"和一个"十"字，这个过程比较简单，OpenCV 中可以通过连通域的方法解决，相关代码见 labelConnected()函数。该函数的核心部分是前文介绍过的 connectedComponents()函数。

这里有以下两点需要注意：

（1）在寻找连通域前需要将文字部分变成高亮，即背景为黑色而文字为白色，此处调用 bitwise_not()函数即可。

（2）调用 connectedComponents()函数时第 3 个参数 connectivity 应设为 8，这样函数会用 8 邻域的方式来确定连通域。4 邻域和 8 邻域的区别如图 7-6 所示，图中每个方格为一个像素。

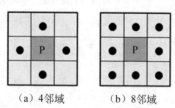

（a）4邻域   （b）8邻域

图 7-6 4 邻域和 8 邻域

7.4.3 端点的识别

在识别具体的笔画之前有必要先将端点找出来。端点的概念前面已经介绍过，为了定位端点可以先从图像中寻找角点，然后从角点中进行筛选，符合条件的确定为端点，不符合条件的予以排除。OpenCV 中角点检测算法较多，常见的有 Harris 角点检测算法、Shi-Tomasi 角点检测算法、FAST 角点检测算法，还有 SIFT 算法等高级算法。在本案例中对角点的要求不高，因此用速度较快的 Harris 算法即可。Harris 角点和 Shi-Tomasi 角点都可以用 goodFeaturesToTrack()函数来检测，该函数的原型如下：

```
void Imgproc.goodFeaturesToTrack(Mat image, MatOfPoint corners, int maxCorners,
double qualityLevel, double minDistance, Mat mask, int blockSize, boolean
useHarrisDetector, double k);
```
  函数用途：寻找图像上的强角点。

【参数说明】
  (1) image：输入图像，要求是 8 位或 32 位浮点单通道图像。
  (2) corners：检测到的角点集。
  (3) maxCorners：返回的角点数量的最大值；如果检测到的角点数大于 maxCorners，则返回 maxCorners 个角点；如果此参数为 0，表示不对最大值设限，则返回检测到的所有角点。
  (4) qualityLevel：检测到的角点的质量等级。
  (5) minDistance：角点间的最小欧氏距离。如果检测出角点周围 minDistance 范围内存在更强的角点，则将此角点删除。
  (6) mask：用于指定检测区域的掩码。如检测整幅图像，则 mask 为空即可。
  (7) blockSize：计算梯度协方差矩阵时窗口的大小。
  (8) useHarrisDetector：如果设为 true，则为 Harris 角点检测；如果设为 false，则为 Shi-Tomasi 角点检测。
  (9) k：Harris 角点检测算子用的中间参数，经验值为 0.04~0.06。

  程序中角点检测的相关代码见 getCorners()函数，其中 goodFeaturesToTrack()函数的 useHarrisDetector 参数设为 true 表示使用 Harris 检测算法，该函数的第 5 个参数 minDistance 也很重要，该参数决定了检测到的角点之间的最小距离。由于每个汉字只有 25×24 像素大小，因此不宜将该参数设得过大，此处设为 3 比较合适。在本案例中的汉字都比较简单，将函数中的 maxCorners 参数设为 8，这意味着每个连通域最多只能检测出 8 个角点。
  以"义"字的交叉部分为例，此连通域共检测出 8 个角点，放大后的图像如图 7-7 所示。很明显，8 个角点中有的是端点，有的不是。

图 7-7 "义"字交叉部分的角点

  端点的检测是通过 isEnd()函数实现的。该函数判断端点的原理是：如果将某点及其周围的 n 个点（例如 8 邻域）去掉后一个连通域并未被分割成为两个，则这个点就是端点，反之则不是。当然，如果分割成两个连通域后其中一个只有 1、2 像素，则此种情况也可视为端点。
  函数中用 connectedComponentsWithStats()函数来标记连通域，其原型如下：

```
int Imgproc.connectedComponentsWithStats(Mat image, Mat labels, Mat stats,
Mat centroids)
```
函数用途：标记图像中的连通域，并输出统计信息。

【参数说明】
(1) image：需要标记的 8 位单通道图像。
(2) labels：标记不同连通域后的输出图像。
(3) stats：每个标签的统计信息输出，含背景标签，数据类型为 CV_32S。
(4) centroids：每个连通域的质心坐标，数据类型为 CV_64F。

该函数比前文介绍过的 connectedComponents()函数更为强大。除了能标记连通域以外，该函数还能获取连通域的相关信息，如连通域的面积、连通域的边界坐标等，相关信息存储在函数的第 3 个参数 stats 中。此处 stats 其实也是一个矩阵，可以通过 get()方法获取下面列出的几种信息，调用方法可参考 isEnd()函数中的相关代码行。

（1）Imgproc.CC_STAT_LEFT：连通域最左侧像素的 x 坐标。

（2）Imgproc.CC_STAT_TOP：连通域最上方像素的 y 坐标。

（3）Imgproc.CC_STAT_WIDTH：连通域的宽度。

（4）Imgproc.CC_STAT_HEIGHT：连通域的高度。

（5）Imgproc.CC_STAT_AREA：连通域的面积。

需要注意的是，connectedComponentsWithStats()返回的连通域数量中包含一个标签号为 0 的背景色的连通域，因此，汉字"二"返回的连通域数量是 3，而不是 2。

在 isEnd()函数的基础上就能从角点中筛选出端点了，程序中用 getEnds()函数完成这一任务。

7.4.4 笔画识别

接下来，需要将每个连通域分解成笔画，这也是案例中的关键部分。汉字笔画大致可分为"横竖撇捺折点"6 类，为了便于编码，在本案例中将"提"也区分出来。所有笔画中"折"最为复杂，在本案例中没有出现带有折的汉字，代码中也没有体现。

1. 直线类的识别

在"横竖撇捺点提"这 6 类笔画中，"横""竖""点""提"属于直线类，"撇""捺"则属于曲线类，先从较为简单的直线开始。在本案例中从端点出发进行直线的判断，是否是直线用完整度来量化，代码见 calWholeness()函数。

该函数的原理说明如下：

（1）假设要判断 AB 之间是否构成直线，首先截取 AB 所在连通域图像（二值图）。由于 7.4.2 节已经用 labelConnected()函数对连通域进行了标记，因此实现并不难。

（2）在空白图像上在 AB 之间绘制 1 条厚度等于 2 的直线。虽然厚度被设定为 2，但是 OpenCV 的 line()函数绘制出来的平均厚度实际上是 3 像素左右。由于输入文件中笔画厚度在 2 像素左右，因此这条直线将覆盖直线周围的点。

（3）将包含 *AB* 的连通域图像与直线的图像进行与操作，将会获得两幅图像重叠的部分。

（4）将直线分成两种类型，当 *AB* 的水平距离（*x* 坐标之差）大于垂直距离（*y* 坐标之差）时类型为 0（以下称"水平型"），否则类型为 1（以下称"垂直型"）。

（5）如直线是"水平型"，则统计重叠像素在 *x* 方向的个数；如直线是"垂直型"，则统计重叠像素在 *y* 方向的个数，注意此处 *x* 或 *y* 坐标相同的只统计 1 次。例如直线 *AB* 属于垂直型，那么如果重叠像素中有（11，5）和（12，5）两点，则 *y* 坐标为 5 的只统计 1 次。

（6）将上述统计结果相加，假设 *AB* 之间垂直距离为 4 像素，重叠像素在 *y* 方向上也有 4 个值，则该直线的完整度为 100%；如果重叠像素在 *y* 方向上只有 3 个值，则完整度为 75%，以此类推。

此方法易于理解，速度也很快。如果用于计算"义"字（见图 7-8）中 *CD* 之间的完整度，则可以发现数值很低，因为重叠像素集中在直线两端，而中间部分因为没有重叠，所以相加后总数很小。

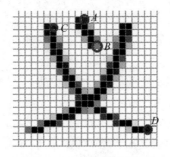

图 7-8　*CD* 之间的完整度

在上面的 calWholeness()函数中，addLine()函数完成的是步骤（2）和（3），matchNum()函数完成的是步骤（5）。

在完整度函数的基础上就可以进行直线的判断了，程序中用 getLines()函数完成这一任务。程序较为简单，实际上是将所有端点进行两两测试，凡是完整度超过 80%的线都判断为直线。

2．曲线类的识别

在直线识别的基础上可以进行曲线类的识别，如图 7-9 所示，图中点 *A* 和点 *B* 并不构成直线，如果用完整度测试，则可以发现数值相当低，那么如何判断 *AB* 之间是否构成曲线呢？不难发现，汉字中"撇"和"捺"的曲率一般不大，可以用两段直线来模拟。例如，图中 *AB* 构成的"撇"可以用 *AC* 和 *CB* 来近似，而 *AC* 和 *CB* 用完整度来测试是符合直线的标准的。于是，*AB* 是否构成曲线的问题就转换成"能否在 *A* 和 *B* 之间找到一点 *C*，使 *AC* 和 *CB* 都符合直线的标准"这样较为简单的问题了。

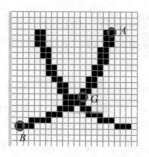

图 7-9　曲线识别示意图

程序中用 findArc() 函数来完成这一任务，该函数实际上是在所有黑色像素中寻找最符合条件的 C 点，函数返回的 Point 类变量 p 就是上述原理图中的 C 点。在用匹配度进行测试之前先对 C 点进行初步筛选，如果 C 点过于靠近 A 点或 B 点，则予以排除，如果 AC 和 CB 构成的夹角太小，则也予以排除（排除曲率过大的情况）。通过上述筛选后，程序用 matchRate() 函数来对 AC 和 CB 的匹配度进行测试。该函数中的匹配度实际上参考了两个标准，其中之一是上文中提到的完整度。完整度必须符合 80% 的最低要求，如果低于 80%，则认为匹配失败；如果符合条件，则计算像素比，即重叠部分的像素数占该直线所有像素总数的比率。不难理解，像素比越高的重合效果越好，匹配度也越高，findArc() 函数后半段其实是从所有候选点中筛选出匹配度最高的点作为 C 点（最佳连接点）。

在解决了曲线识别的问题之后，就可以寻找连通域中的曲线了，程序中用 getArcs() 函数完成这一任务。

3．笔画识别

在识别出直线类和曲线类笔画之后，还需要将其识别为具体的笔画。在本案例中涉及的各种笔画的判断标准见表 7-1。

表 7-1　各种笔画的判断标准

笔画类别	笔　　画	判　断　标　准	量　化　标　准
直线类	横	大体呈水平方向	$|\Delta y/\Delta x|<1/4$
	竖	大体呈垂直方向	$|\Delta x/\Delta y|<1/4$
	点	左上角至右下角	$\Delta y/\Delta x>0$
	提	左下角至右上角	$\Delta y/\Delta x<0$
曲线类	撇	右上角至左下角	$\Delta y/\Delta x<0$
	捺	左上角至右下角	$\Delta y/\Delta x>0$

程序中用 getStroke() 函数实现这一功能，该函数其实就是按照上述判断标准来识别笔画的。

7.4.5　交叉点识别

如前所述，交叉点在汉字识别时起着举足轻重的作用，在识别出直线和曲线类的笔画后识别交叉点就比较简单了。由于曲线也可以用两条直线进行模拟，因此无论直线还是曲线的相交都可以转换成直线相交的问题。

获取两条直线的交点的代码见 connectPoint()函数。该函数实际上通过搜索两条直线共有的像素的方法实现，此处需要注意的是绘制直线的 line()函数的最后一个参数，该参数是绘制直线使用的线型，4 代表连接方式为 4 邻接，8 则表示 8 邻接，而后者是默认值。此处如果用 8 的默认值，则可能会发生判断错误的情况，如图 7-10 所示。图中是两条直线相交的像素图，每个方格代表一个像素，1 和 2 分别代表两条直线。毫无疑问，这两条直线是相交的，但是如果线型为 8 邻接，则两条直线并无公共点，因而会被判断为不相交，这就是函数中不采用默认值的原因。另外，上述函数返回的点 pt 实际上是两条直线的连接点，不一定是交叉点。如果从交叉点出发，则会有 4 个分支，而连接点则只有 3 个分支，因此在得到连接点后还需测试该点是否是交叉点，程序中通过 isFar()函数来分辨，该函数通过该点离 4 个点的距离来判断，简单实用。

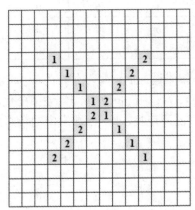

图 7-10　相交直线错误判断示意图

在此基础上就可以判断汉字中是否存在交叉点了。由于在本案例中存在直线和曲线两类笔画，因此将交叉点的识别分成 3 种情况，分别通过 3 个不同的函数实现，具体如下。

（1）直线与直线相交：checkCpLine()函数。

（2）曲线与曲线相交：checkCpArc()函数。

（3）直线与曲线相交：checkCpLineArc()函数。

这 3 个函数的原理相似，下面用最具代表性的 checkCpLine()函数来说明，其声明行如下：

```
public static int checkCpLine(int[][] ends, int[] ln)
```

该函数有两个参数，前者为存储着端点坐标的 ends 数组，后者则存储着直线类笔画的编号，即相应的端点在 ends 数组中的索引。通过逐对测试直线是否存在交叉点，函数最终得出所有直线类笔画之间交点的数量。另外两个函数与此类似，只不过每条曲线要用两条模拟直线分别进行测试。在分别调用 3 个函数以后，就可以得到汉字中全部交点的总数，接下来可据此进行编码。

7.4.6　汉字编码

根据汉字的各种特征进行编码是汉字识别的最后一个关键步骤,编码方法的好坏直接关系到识别率的高低。由于本案例较为简单,编码方式只用到了各种笔画和交点的数量,见表 7-2。

表 7-2　程序中用到的汉字编码

汉字	位 0	位 1	位 2	位 3	位 4	位 5	位 6	位 7
	交点	横	竖	撇	捺	点	提	折
二	0	2	0	0	0	0	0	0
义	1	0	0	1	1	1	0	0
十	1	1	1	0	0	0	0	0
冫	0	0	0	0	0	1	1	0
斗	1	1	1	0	0	2	0	0

汉字的识别就是根据上述编码进行的,编码存储在 stroke 数组中,该数组被定义为全局变量,由 8 个元素组成,对应表 7-2 中的位 0~位 7。该部分代码见 whichHanzi()函数。该函数用 Map 类实现汉字编码的存储和查找,stroke 数组中的数组则被组合成一个 8 位整数,用此整数即可查找到相应的汉字。

7.5　完整代码

最后,给出本案例的完整代码:

```
//第 7 章/CharRecog.java

import java.util.*;

import org.opencv.core.*;
import org.opencv.imgcodecs.*;
import org.opencv.imgproc.*;

public class CharRecog {
    public static int parts;                 //连通域数
    public static int pixels;                //非黑色像素数
    public static int[] cp = new int[10];    //曲线最佳连接点数组
    public static int[] stroke = new int[8]; //笔画特征码

    public static void main(String[] args) {
```

```
        System.loadLibrary(Core.NATIVE_LIBRARY_NAME);

        //读取图像并转换成二值图
        Mat img = Imgcodecs.imread("Char0.png");
        int num = img.width() / 25; //每字宽25像素
        int height = img.height();

        //将图像切割成汉字并分别进行识别
        for (int i = 0; i < num; i++) {
            Mat roi = img.submat(0, height, i * 25, i * 25 + 25);
            Mat sub = new Mat();
            roi.copyTo(sub);
            recogHanzi(sub);
        }

        System.exit(0);
    }

    public static Mat makeBinary(Mat src) {
        //将图像转换成二值图
        Mat gray = new Mat();
        Imgproc.cvtColor(src, gray, Imgproc.COLOR_BGR2GRAY);
        Mat binary = new Mat();
        Imgproc.threshold(gray, binary, 180, 255, Imgproc.THRESH_BINARY);

        return binary;
    }

    public static Mat labelConnected(Mat binary) {
        //标记连通域
        Mat bin = new Mat();
        Core.bitwise_not(binary, bin);
        Mat labels = new Mat(binary.size(), CvType.CV_32S);
        parts = Imgproc.connectedComponents(bin, labels, 8, CvType.CV_32S);
        return labels;
    }

    public static Mat labelPart(Mat labels, int label) {
        //将指定标签号的像素绘制成二值图,文字部分为黑色
        Mat m = Mat.zeros(labels.size(), CvType.CV_8UC1);
        for (int i = 0; i < m.height(); i++) {
            for (int j = 0; j < m.width(); j++) {
                //将非指定标签号的像素标记为白色
```

```
                    int l = (int) labels.get(i, j)[0];
                    if (l != label) {
                        m.put(i, j, 255);
                    }
                }
            }

        return m;
    }

    public static MatOfPoint getCorners(Mat gray) {
        //参数准备
        MatOfPoint corners = new MatOfPoint();    //检测结果集
        int maxCorners = 8;                        //最多角点数
        double qualityLevel = 0.01;                //质量等级
        double minDistance = 3;                    //角点间的最小距离

        //用Harris算法进行角点检测
        Imgproc.goodFeaturesToTrack(gray, corners, maxCorners, qualityLevel,
            minDistance, new Mat(), 3, true, 0.04);

        return corners;

    }


    public static int arrayTotal(int[] arr) {
        int total = 0;
        for (int i = 0; i < arr.length; i++) {
            total = total + arr[i];
        }
        return total;
    }

    public static boolean isEnd(Mat binary, Point pt) {
        //反相使文字呈白色
        Mat bin = new Mat();
        Core.bitwise_not(binary, bin);

        //将点pt周围标记为黑色
        int x = (int) pt.x;
        int y = (int) pt.y;
        for (int row = y - 1; row < y + 2; row++) {
            for (int col = x - 1; col < x + 2; col++) {
```

```
            bin.put(row, col, 0);
        }
    }

    //标记连通域
    Mat labels = new Mat(binary.size(), CvType.CV_32S);
    Mat stats = new Mat();
    Mat centroids = new Mat();
    int num = Imgproc.connectedComponentsWithStats(bin, labels, stats,
            centroids);

    if (num < 3) return true;
    if (num > 3) return false;
    for (int i = 1; i < num; i++) {
        //获取连通域面积
        int area = (int) stats.get(i, Imgproc.CC_STAT_AREA)[0];
        if (area < 3) return true; //1~2 像素的忽略
    }

    return false;
}

public static int[][] getEnds(Mat part, MatOfPoint corners) {
    //将角点转换成一维数组
    int num = corners.rows();
    int[] pt = new int[2 * num];
    corners.get(0, 0, pt);

    //逐个判断角点是否为端点
    int[] p = new int[2 * num];
    int n = 0; //端点数
    for (int i = 0; i < num; i++) {
        int x = pt[2 * i];
        int y = pt[2 * i + 1];
        Point pt1 = new Point(x, y);
        boolean b = isEnd(part, pt1);
        if (b) {
            p[2 * n] = x;
            p[2 * n + 1] = y;
            n++;
        }
    }
```

```java
        //将端点整理成二维数组返回
        int[][] ends = new int[n][2];
        for (int i = 0; i < n; i++) {
            ends[i][0] = p[2 * i];            //x 坐标
            ends[i][1] = p[2 * i + 1];        //y 坐标
        }
        return ends;

    }


    public static int matchNum(Mat m, int type) {
        int len = 25;                          //一个汉字不超过 25 像素
        int[] match = new int[len];

        for (int col = 0; col < m.cols(); col++) {
            for (int row = 0; row < m.rows(); row++) {
                int b = (int) m.get(row, col)[0];
                if (b != 0) {
                    if (type == 0) {
                        match[col] = 1;
                    } else {
                        match[row] = 1;
                    }
                }
            }
        }

        int count = 0;
        for (int i = 0; i < len; i++) {
            count = count + match[i];
        }

        return count;
    }

    public static Mat addLine(Mat binary, Point pt1, Point pt2, int thick) {
        //在黑色背景上绘制 1 条白色直线
        Mat line = Mat.zeros(binary.size(), CvType.CV_8UC1);
        Scalar color = new Scalar(255);
        Imgproc.line(line, pt1, pt2, color, thick);
        pixels = Core.countNonZero(line);

        //对直线与反相后的二值图进行与运算
```

```
        Mat m = new Mat();
        Mat bi = new Mat();
        Core.bitwise_not(binary, bi);
        Core.bitwise_and(bi, line, m);

        return m;
    }

public static double calWholeness(Mat binary, Point pt1, Point pt2) {
    //将两点构成的直线分成两种类型
    int type;
    double lenX = Math.abs(pt1.x - pt2.x);
    double lenY = Math.abs(pt1.y - pt2.y);
    if (lenX > lenY) {
        type = 0;        //x轴方向比 y 轴方向长
    } else
        type = 1;        //y轴方向比 x 轴方向长

    //添加直线并计算完整度
    Mat m = addLine(binary, pt1, pt2, 2);
    int count = matchNum(m, type);
    double wholeness;
    if (type == 0) {
        wholeness = count / (lenX);
    } else {
        wholeness = count / (lenY);
    }
    return wholeness;
}

public static int[] getLines(Mat part, int[][] ends) {
    //测试哪些端点之间构成直线
    int n = ends.length;
    int[] ln = new int[n * (n - 1) + 1];
    int count = 0;
    for (int i = 0; i < n; i++) {
        Point pt1 = new Point(ends[i][0], ends[i][1]);
        for (int j = i + 1; j < n; j++) {
            Point pt2 = new Point(ends[j][0], ends[j][1]);
            double wholeness = calWholeness(part, pt1, pt2);
            if (wholeness > 0.8) { //符合直线标准
                count++;
                ln[count * 2 - 1] = i;
```

```
                    ln[count * 2] = j;
                }
            }
        }
        ln[0] = count;                    //搜索到的直线数
        return ln;
    }

    public static void markEnds(int[][] ends, int[] ln, int[] e) {
        //标记已匹配的端点
        int nLine = ln[0];
        for (int i = 1; i <= 2 * nLine; i++) {
            int n = ln[i];
            e[n] = 1;                      //将已匹配的端点标记为1
        }
    }

    public static double matchRate(Mat binary, Point pt1, Point pt2) {
        //测试重合部分像素占比
        Mat m = addLine(binary, pt1, pt2, 2);
        int count = Core.countNonZero(m);
        double fillRate = count / (double) pixels; //像素比

        //测试重合部分完整度
        double wholeness = calWholeness(binary, pt1, pt2);
        if (wholeness < 0.8) {             //如果完整度太低,则为不合格
            return 0;
        } else {
            return fillRate;
        }

    }

    public static double dotDistance(double x1, double y1, double x2, double
y2) {
        //计算两点间的距离
        double d2 = (x1 - x2) * (x1 - x2) + (y1 - y2) * (y1 - y2);
        return Math.sqrt(d2);
    }

    public static Point findArc(Mat binary, Point pt1, Point pt2) {
        double max = 0.0;
        Point p = new Point(-1, 0);  //p 为最佳连接点的坐标
```

```
        //测试哪些端点之间构成直线
        for (int col = 0; col < binary.width(); col++) {
            for (int row = 0; row < binary.height(); row++) {
                //两个端点的坐标
                int x1 = (int) pt1.x;
                int y1 = (int) pt1.y;
                int x2 = (int) pt2.x;
                int y2 = (int) pt2.y;

                //将不符合条件的排除
                double len1 = dotDistance(col, row, x1, y1);
                double len2 = dotDistance(col, row, x2, y2);
                double len12 = dotDistance(x1, y1, x2, y2);
                if ((len1 < 4) || (len2 < 4)) continue;
                if (len12 / (len1 + len2) < 0.85) continue;
                if ((Math.abs(x1 - x2) < 4) || (Math.abs(y1 - y2) < 4))
                    continue;

                //获取最佳连接点
                byte b = (byte) binary.get(row, col)[0];
                if (b == 0) {
                    Point pt = new Point(col, row);
                    double rate1 = matchRate(binary, pt, pt1);
                    if (rate1 == 0.0) continue;
                    double rate2 = matchRate(binary, pt, pt2);
                    if (rate2 == 0.0) continue;
                    double rate = (rate1 + rate2) / 2;
                    if (rate > max) {
                        max = rate;
                        p.x = col;
                        p.y = row;
                    }
                }
            }
        }
    }
    return p; //若返回(-1,0),则表示未找到最佳点
}

public static int[] getArcs(Mat part, int[][] ends, int[] e) {
    int n = ends.length;
    int[] arc = new int[n * (n - 1) + 1];
    int count = 0;
```

```
        for (int i = 0; i < n; i++) {
            if (e[i] == 1)
                continue;          //已匹配直线的跳过
            Point pt1 = new Point(ends[i][0], ends[i][1]);
            for (int j = i + 1; j < n; j++) {
                if (e[j] == 1)
                    continue;          //已匹配直线的跳过
                Point pt2 = new Point(ends[j][0], ends[j][1]);
                Point mid = findArc(part, pt1, pt2);
                if (mid.x != -1){ //符合直线标准
                    count++;
                    arc[count * 2 - 1] = i;
                    arc[count * 2] = j;
                    cp[count * 2 - 1] = (int) mid.x;
                    cp[count * 2] = (int) mid.y;
                }
            }
        }
        arc[0] = count;              //搜索到的曲线数
        return arc;
    }

    public static int getStroke(int x1, int y1, int x2, int y2, int type) {
        //判断笔画类别
        float deltaX = x2 - x1;
        float deltaY = y2 - y1;
        float small = Math.min(Math.abs(deltaX), Math.abs(deltaY));
        float big = Math.max(Math.abs(deltaX), Math.abs(deltaY));
        if (type == 0) {          //直线
            if (small / big < 0.25) {
                if (Math.abs(deltaX) > Math.abs(deltaY))
                    return 1;   //横
                else
                    return 2;   //竖
            } else {
                if (deltaY / deltaX > 0)
                    return 5;   //点
                else
                    return 6;   //提
            }
        } else {                  //曲线
            if (deltaY / deltaX > 0)
                return 4;       //捺
```

```
            else
                return 3;        //撇
        }
    }

    public static Point connectPoint(Point pt1, Point pt2, Point pt3, Point
pt4) {
        //在 m1 和 m2 上分别绘制 1 条直线
        Scalar color = new Scalar(255);
        Mat m1 = Mat.zeros(24, 25, CvType.CV_8UC1);
        Imgproc.line(m1, pt1, pt2, color, 1, 4);
        Mat m2 = Mat.zeros(24, 25, CvType.CV_8UC1);
        Imgproc.line(m2, pt3, pt4, color, 1, 4);

        //搜索交叉点
        Point pt = new Point(-1, 0); //pt 为交叉点坐标
        for (int i = 0; i < m1.rows(); i++) {
            for (int j = 0; j < m1.cols(); j++) {
                int v1 = (int) m1.get(i, j)[0];
                if (v1 == 255) {
                    int v2 = (int) m2.get(i, j)[0];
                    if (v2 == 255) {
                        pt.x = j;
                        pt.y = i;
                        return pt;
                    }
                }
            }
        }

        return pt;

    }

    public static boolean isFar(Point pt, Point pt1, Point pt2, Point pt3,
Point pt4) {
        double d1 = dotDistance(pt.x, pt.y, pt1.x, pt1.y);
        double d2 = dotDistance(pt.x, pt.y, pt2.x, pt2.y);
        double d3 = dotDistance(pt.x, pt.y, pt3.x, pt3.y);
        double d4 = dotDistance(pt.x, pt.y, pt4.x, pt4.y);
        if ((d1 < 3) || (d2 < 3) || (d3 < 3) || (d4 < 3)) {
            return false;
        } else {
```

```
            return true;
        }
    }

    public static int checkCpLine(int[][] ends, int[] ln) {
        int n = ln[0];
        if (n < 2) return 0;
        int count = 0;
        for (int i = 1; i < n; i++) {
            for (int j = i + 1; j <= n; j++) {
                int e1 = ln[2 * i - 1];
                int e2 = ln[2 * i];
                Point pt1 = new Point(ends[e1][0], ends[e1][1]);
                Point pt2 = new Point(ends[e2][0], ends[e2][1]);
                int e3 = ln[2 * j - 1];
                int e4 = ln[2 * j];
                Point pt3 = new Point(ends[e3][0], ends[e3][1]);
                Point pt4 = new Point(ends[e4][0], ends[e4][1]);
                Point cp = connectPoint(pt1, pt2, pt3, pt4);
                if ((cp.x >= 0) && isFar(cp, pt1, pt2, pt3, pt4)) {
                    count++;
                    System.out.println("直线交点: " + cp);
                }
            }
        }

        return count;

    }

    public static int checkCpArc(int[][] ends, int[] arc) {
        int n = arc[0];
        if (n < 2) return 0;

        int count = 0;
        Point cross = new Point();
        for (int i = 1; i < n; i++) {
            for (int j = i + 1; j <= n; j++) {
                int e1 = arc[2 * i - 1];
                int e2 = arc[2 * i];
                Point pt1 = new Point(ends[e1][0], ends[e1][1]);
                Point pt2 = new Point(ends[e2][0], ends[e2][1]);
                Point m12 = new Point(cp[2 * i - 1], cp[2 * i]);
```

```
            int e3 = arc[2 * j - 1];
            int e4 = arc[2 * j];
            Point pt3 = new Point(ends[e3][0], ends[e3][1]);
            Point pt4 = new Point(ends[e4][0], ends[e4][1]);
            Point m34 = new Point(cp[2 * j - 1], cp[2 * j]);

            cross = connectPoint(pt1, m12, pt3, m34);
            if ((cross.x >= 0) && isFar(cross, pt1, pt2, pt3, pt4)) {
                count++;
                System.out.println("曲线交点: " + cross);
                continue;
            }
            cross = connectPoint(pt1, m12, pt4, m34);
            if ((cross.x >= 0) && isFar(cross, pt1, pt2, pt3, pt4)) {
                count++;
                System.out.println("曲线交点: " + cross);
                continue;
            }
            cross = connectPoint(pt2, m12, pt3, m34);
            if ((cross.x >= 0) && isFar(cross, pt1, pt2, pt3, pt4)) {
                count++;
                System.out.println("曲线交点: " + cross);
                continue;
            }
            cross = connectPoint(pt2, m12, pt4, m34);
            if ((cross.x >= 0) && isFar(cross, pt1, pt2, pt3, pt4)) {
                count++;
                System.out.println("曲线交点: " + cross);
            }
        }
    }

    return count;

}

public static int checkCpLineArc(int[][] ends, int[] ln, int[] arc) {
    int n1 = ln[0];
    int n2 = arc[0];
    if ((n1 == 0) || (n2 == 0))
        return 0;
```

```java
        int count = 0;
    Point cross = new Point();
    for (int i = 1; i <= n1; i++) {
        for (int j = 1; j <= n2; j++) {
            //直线端点
            int e1 = ln[2 * i - 1];
            int e2 = ln[2 * i];
            Point pt1 = new Point(ends[e1][0], ends[e1][1]);
            Point pt2 = new Point(ends[e2][0], ends[e2][1]);

            //曲线端点和最佳连接点
            int e3 = arc[2 * j - 1];
            int e4 = arc[2 * j];
            Point pt3 = new Point(ends[e3][0], ends[e3][1]);
            Point pt4 = new Point(ends[e4][0], ends[e4][1]);
            Point m34 = new Point(cp[2 * j - 1], cp[2 * j]);

            cross = connectPoint(pt1, pt2, pt3, m34);
            if ((cross.x >= 0) && isFar(cross, pt1, pt2, pt3, pt4)) {
                count++;
                continue;
            }

            cross = connectPoint(pt1, pt2, pt4, m34);
            if ((cross.x >= 0) && isFar(cross, pt1, pt2, pt3, pt4)) {
                count++;
            }
        }
    }

    return count;

}

public static int checkPart(Mat part) {
    //获取角点并检测是否是端点
    MatOfPoint corners = getCorners(part);
    int[][] ends = getEnds(part, corners);
    int num = ends.length;
    System.out.println("端点: " + Arrays.deepToString(ends));

    //寻找直线笔画
    int[] ln = getLines(part, ends);
```

```java
System.out.println("直线: " + Arrays.toString(ln));
for (int i = 1; i <= ln[0]; i++) {
    int n1 = ln[2 * i - 1];
    int x1 = ends[n1][0];
    int y1 = ends[n1][1];
    int n2 = ln[2 * i];
    int x2 = ends[n2][0];
    int y2 = ends[n2][1];
    int bh = getStroke(x1, y1, x2, y2, 0);
    stroke[bh] = stroke[bh] + 1;
}

//直线之间相交的次数
int count1 = checkCpLine(ends, ln);
System.out.println("直线相交: " + count1);
stroke[0] = stroke[0] + count1;

//标记已匹配直线的端点
int[] e = new int[num];
markEnds(ends, ln, e);
int total = arrayTotal(e);
if (total == num)
    return 1;  //检测成功

//寻找曲线笔画
int[] arc = getArcs(part, ends, e);
System.out.println("曲线: " + Arrays.toString(arc));
System.out.println("曲线连接点: " + Arrays.toString(cp));

for (int i = 1; i <= arc[0]; i++) {
    int n1 = arc[2 * i - 1];
    int x1 = ends[n1][0];
    int y1 = ends[n1][1];
    int n2 = arc[2 * i];
    int x2 = ends[n2][0];
    int y2 = ends[n2][1];
    int bh = getStroke(x1, y1, x2, y2, 1);
    stroke[bh] = stroke[bh] + 1;
}

//涉及曲线的相交次数
int count2 = checkCpArc(ends, arc);
System.out.println("曲线相交: " + count2);
```

```
        int count3 = checkCpLineArc(ends, ln, arc);
        System.out.println("直曲相交: " + count3);
        stroke[0] = stroke[0] + count1 + count2 + count3;

        //标记已匹配曲线的端点
        markEnds(ends, arc, e);
        total = arrayTotal(e);
        if (total == num) return 1;    //检测成功
        else return 0;                         //未全部匹配,检测未成功
    }

    public static int checkHanzi(Mat src) {
        //将图像转换成二值图并标记各连通域
        Mat gray = new Mat();
        Imgproc.cvtColor(src, gray, Imgproc.COLOR_RGB2GRAY);
        Mat binary = makeBinary(src);
        Mat labels = labelConnected(binary);

        //逐个测试各连通域
        for (int i = 1; i < parts; i++) {
            System.out.println();
            System.out.println("检测 Part " + i);
            Mat part = labelPart(labels, i);
            int result = checkPart(part);
            if (result == 0)
                return 0;               //汉字检测不成功
        }
        return 1;                       //汉字检测成功
    }

    public static String whichHanzi() {
        //汉字编码表
        Map<Integer, String> map = new HashMap<Integer, String>();
        map.put( 2000000, "二");
        map.put(10011100, "义");
        map.put(11100000, "十");
        map.put(     110, "丫");
        map.put(11100200, "斗");

        //根据编码查找对应的汉字
        int code = stroke[0] * 10000000 + stroke[1] * 1000000 + stroke[2]
                * 100000 + stroke[3] * 10000 + stroke[4] * 1000 + stroke[5]
                * 100 + stroke[6] * 10;
        String hanzi = map.get(code);
        return hanzi;
```

```
    }

    public static void recogHanzi(Mat sub) {
        //stroke 数组清零
        for (int i = 0; i < 8; i++) {
            stroke[i] = 0;
        }

        //识别汉字并输出结果
        checkHanzi(sub);
        System.out.println();
        System.out.println("汉字特征码: " + Arrays.toString(stroke));
        String hanzi = whichHanzi();
        System.out.println("识别汉字为 " + hanzi);
        System.out.println("----------------------------------");
    }

}
```

程序运行后，控制台会输出一些识别过程中的数据及最后识别结果，如图 7-11 所示。

（a）控制台输出结果的第1部分

图 7-11　控制台输出的识别结果

```
⬜ Problems  @ Javadoc  ⬚ Declaration  ⬚ Console ⬚  ⬚ Debug
<terminated> CharRecog [Java Application] C:\Program Files (x86)\Java\jre8\bin\javaw.exe
检测Part 1
端点：[[11, 20], [11, 3], [20, 10], [2, 10]]
直线：[2, 0, 1, 2, 3, 0, 0, 0, 0, 0, 0, 0, 0]
直线交点：{11.0, 10.0}
直线相交：1

汉字特征码：[1, 1, 1, 0, 0, 0, 0, 0]
识别汉字为：十
------------------------------------

检测Part 1
端点：[[12, 6], [9, 4]]
直线：[1, 0, 1]
直线相交：0

检测Part 2
端点：[[9, 19], [11, 12]]
直线：[1, 0, 1]
直线相交：0

汉字特征码：[0, 0, 0, 0, 0, 1, 1, 0]
识别汉字为：丿
------------------------------------

检测Part 1
端点：[[15, 20], [15, 3], [3, 16], [21, 14]]
直线：[2, 0, 1, 2, 3, 0, 0, 0, 0, 0, 0, 0, 0]
直线交点：{15.0, 14.0}
直线相交：1

检测Part 2
端点：[[11, 7], [7, 5]]
直线：[1, 0, 1]
直线相交：0

检测Part 3
端点：[[5, 10], [10, 12]]
直线：[1, 0, 1]
直线相交：0

汉字特征码：[1, 1, 1, 0, 0, 2, 0, 0]
识别汉字为：斗
------------------------------------
```

(b) 控制台输出结果的第2部分

图 7-11（续）

第 8 章

OCR 文字识别

第 7 章介绍了用 OpenCV 对汉字进行识别的方法，本章将介绍如何使用 OCR 工具进行文字识别。光学字符识别（Optical Character Recognition，OCR）是指用电子设备对文本资料进行扫描，然后对图像文件进行分析处理，获取文字信息的过程。

本章将要介绍的 OCR 工具是 Tesseract，最初是由惠普实验室开发的。2005 年，惠普将 Tesseract 开源。Tesseract 既可以用命令行方式直接进行识别，也可以将其 API 集成在代码中。为了在 Java 中调用 Tesseract 的 API，需要安装其 JNA 封装版本：Tess4J。下面首先介绍 Tess4J 的安装与配置。

8.1 Tess4J 的安装与配置

8.1.1 Tess4J 的安装

首先到 https://sourceforge.net/projects/tess4j/下载 Tess4J 的最新版本。进入页面后不要单击其中的 Download 按钮，而是先单击网页中的 Files 标签，如图 8-1 所示。

图 8-1　Tess4J 下载页的 Files 标签

打开的页面如图 8-2 所示，单击其中的 Download Latest Version 按钮，稍等几秒后下载开始，下载的文件名为 Tess4J-3.4.8-src.zip。

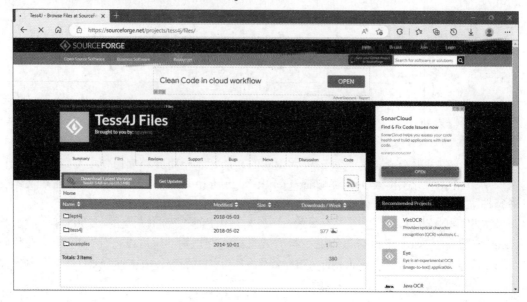

图 8-2　下载按钮

下载完成后将 zip 文件解压缩，会生成一个名为 Tess4J 的文件夹，将该文件夹移动到安装路径即可。笔者的安装路径为 D:\Program\JavaLib\Tess4J，该目录下的主要内容如图 8-3 所示，其中的\tessdata 将在程序中用到。

图 8-3　Tess4J 目录下的主要内容

8.1.2　Eclipse 中的配置

为了在 Java 程序中调用其 API，需要在 Eclipse 中进行简单配置，具体步骤如下：
（1）选择菜单栏的 Windows→Preferences，在弹出的对话框中选择 Java→Build Path→

User Libraries，如图 8-4 所示。

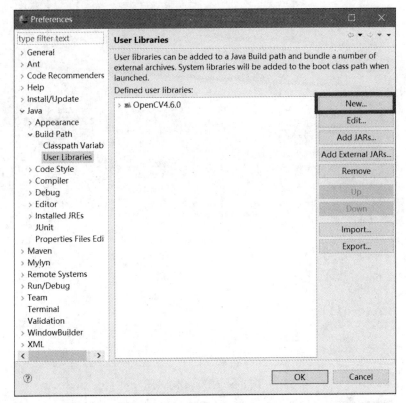

图 8-4　Eclipse 中添加用户库

（2）单击右侧的 New 按钮，将 User library 命名为 Tess4J，如图 8-5 所示。

（3）单击 OK 按钮后 Defined user libraries（已定义用户库）中会出现刚才设置的名称 Tess4J，如图 8-6 所示。

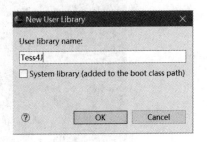

图 8-5　用户库命名

（4）选中 Tess4J 后单击右侧的 Add External JARs 按钮，在弹出的文件选择对话框中导航到 Tess4J 安装目录下的 dist 文件夹，选择 tess4j-3.4.8.jar 文件，如图 8-7 所示。

（5）单击"打开"按钮后 Tess4J 项下会多出一行，即刚才添加的 tess4j-3.4.8.jar。

（6）再次单击 Add External JARs 按钮，导航到 Tess4J 安装目录下的 lib 文件夹，选中该目录下所有的 JAR 文件（先单击选中第 1 个 JAR 文件，然后将滚动条拖动到最下方，按住 Shift 键并单击最后一个 JAR 文件），如图 8-8 所示。

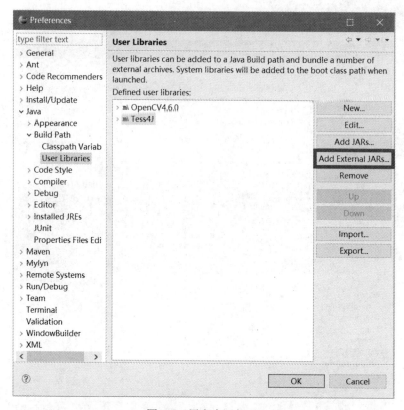

图 8-6　用户库添加后

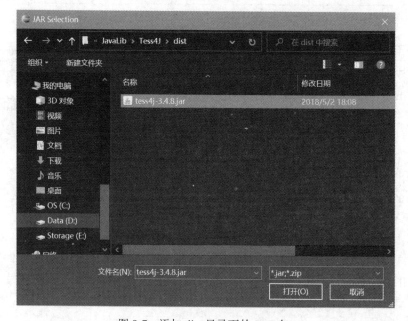

图 8-7　添加 dist 目录下的 JAR 包

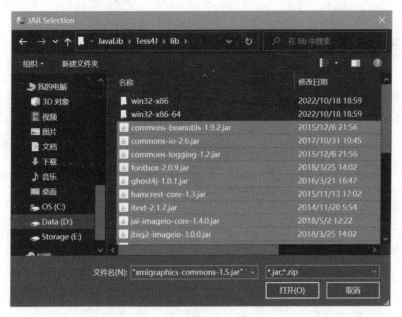

图 8-8　添加 lib 目录下的 JAR 包

（7）单击"打开"按钮后 Tess4J 项下会多出 20 多项，这些都是刚才添加的 JAR 包。找到其中的 jna-4.1.0.jar 并将其展开，然后选择其中的 Native library location，如图 8-9 所示。

图 8-9　设置 Native library location

（8）单击右侧的 Edit 按钮后会弹出一个名为 Native Library Folder Configuration 的对话框，单击右侧的 External Folder 按钮，然后导航到 Tess4J 安装目录下的 lib 文件夹，该文件夹下方会有两个子文件夹，如图 8-10 所示。

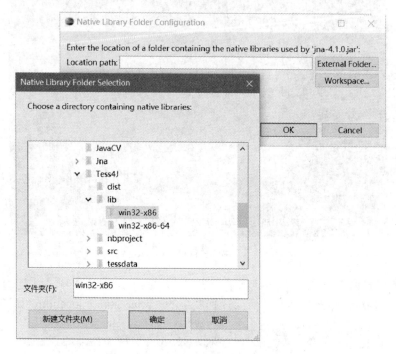

图 8-10　用于 32 位和 64 位的文件夹

（9）此时需要根据具体情况设置：如果安装的 Eclipse 和 OpenCV 是 32 位版本，则选择其中的 win32-x86，如果安装的是 64 位版本，则选择 win32-x86-64。单击"确定"按钮回到 Native Library Folder Configuration 对话框，单击 OK 按钮后回到 Preferences 对话框，再次单击 OK 按钮完成配置。

8.2　英文识别测试

下面用一段代码来测试 Tess4J 安装与配置是否正确，代码如下：

```
//第 8 章/CharOcrEng.java

import java.io.File;
import net.sourceforge.tess4j.*;

public class CharOcrEng {
    public static void main(String[] args) {
    //待识别的图像文件
```

```
        File imageFile = new File("Ocr1.png");

        //创建 ITesseract 对象
        ITesseract ins = new Tesseract();
        try {
            //设置语言库的路径
            ins.setDatapath("D:\\Program\\JavaLib\\Tess4J\\tessdata");

            //将识别的语言设置为英语
            ins.setLanguage("eng");

            //对图像文件进行识别并输出识别结果
            String result = ins.doOCR(imageFile);
            System.out.println(result);
        } catch (TesseractException e) {
            e.printStackTrace();
        } finally {
        }
    }

}
```

代码中用于识别的图像如图 8-11 所示，识别结果如图 8-12 所示。

🛑 Problems @ Javadoc 🔌 Declaration 🖥 Console ☒ 🐞 Debug
<terminated> CharOcrEng [Java Application] C:\Program Files (x86)\Java\jre8\bin\javaw.exe
No Smoking

图 8-11　用于识别英文的图像　　　　　　　图 8-12　英文识别结果

如果识别正确，则说明 Tess4J 的安装和配置没有问题。

8.3　安装语言包

Tess4J 的安装包中只包括英语的语言包，如需识别其他语言，则需要安装相应的语言包。从 3.0 版起，Tesseract 开始支持中文识别。下面以中文为例介绍其他语言包的下载和安装。

语言包的下载网址为 https://github.com/tesseract-ocr/tessdata，进入该网页后页面如图 8-13 所示。

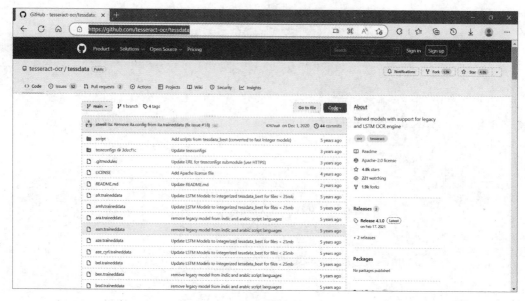

图 8-13　下载语言包的页面

页面中有很多后缀名为 traineddata 的文件，每个文件都是一个语言包。拉动滚动条向下找到 chi_sim.traineddata，如图 8-14 所示，这是简体中文的语言包。

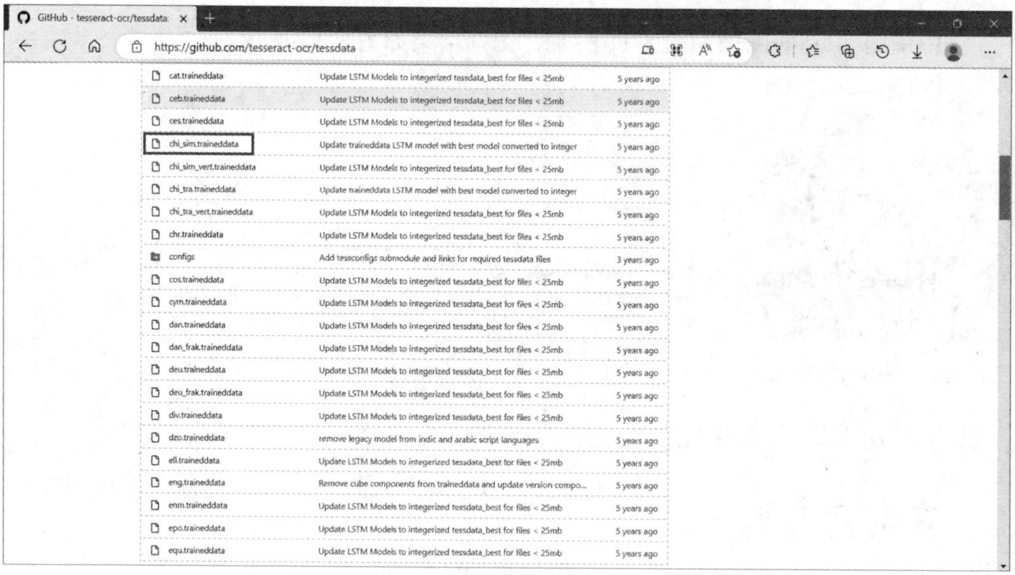

图 8-14　简体中文语言包

单击 chi_sim.traineddata 后将打开一个新的页面，如图 8-15 所示，单击右下方的 Download 按钮即可开始下载，文件名为 chi_sim.traineddata。

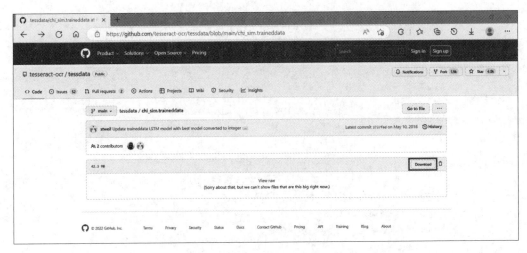

图 8-15   下载中文语言包的新页面

将该文件移动到 Tess4J 安装目录下的 tessdata 文件夹，如图 8-16 所示。至此，语言包安装完成。

图 8-16   中文语言包复制目录

8.4   中文识别测试

下面用一段代码来测试中文识别的效果，代码如下：

```java
//第 8 章/CharOcrChi.java

import java.io.File;
import net.sourceforge.tess4j.*;

public class CharOcrChi {
    public static void main(String[] args) {
        //待识别的图像文件
        File imageFile = new File("Ocr2.png");

        //创建 ITesseract 对象
```

```
        ITesseract ins = new Tesseract();
        try {
            //设置语言库的路径
            ins.setDatapath ("D:\\Program\\JavaLib\\Tess4J\\tessdata");

            //将识别的语言设置为简体中文
            ins.setLanguage("chi_sim");

            //对图像文件进行识别并输出识别结果
            String result = ins.doOCR(imageFile);
            System.out.println(result);
        } catch (TesseractException e) {
            e.printStackTrace();
        } finally {}
    }


}
```

代码中用于识别的图像如图 8-17 所示，识别结果如图 8-18 所示。

图 8-17　用于识别中文的图像

图 8-18　中文识别结果

上述图像中的文字清晰规整，因此可以直接调用 Tess4J，但在实际应用中，用于识别的图像需要先经过预处理。第 9 章将通过一个车牌识别的案例将 OpenCV 与 Tess4J 结合起来。

8.5　训练语言库

有时，使用下载的语言包进行识别的效果不太理想。为了得到更好的识别效果，可以使用训练工具 jTessBoxEditor 对样本进行训练，进而生成自己的语言库，该软件运行时的画面如图 8-19 所示。该工具的名称中第 1 个字母 j 代表 Java，因为这个工具是基于 Java 虚拟机运行的。由于样本的训练跟本书主题的关系不大，所以该工具的安装及使用就不再详细介绍了，感兴趣的读者可以参考相关资料。

图 8-19　训练工具 jTessBoxEditor 运行画面

第 9 章

车牌定位与识别

9.1 概述

随着计算机视觉技术的发展，汽车牌照的自动识别越来越普及，从各大停车场到居民小区到处都可以看到车牌识别的应用场景。

车牌识别大致可以分成以下 4 步：

（1）图像预处理。

（2）车牌定位。

（3）字符分割。

（4）字符识别。

其中，车牌定位是车牌识别系统的关键，车牌定位的准确程度对车牌字符的分割和准确识别都有着重要影响。目前车牌定位的方法主要有以下 4 类：

（1）基于边缘检测的定位方法。

（2）基于纹理特征的定位方法。

（3）基于颜色特征的定位方法。

（4）基于神经网络的定位方法。

基于边缘检测和纹理特征的定位方法速度较快，但是当车牌褪色明显或倾斜度较大时识别效果不佳，因此本案例未予采用。车牌的颜色特征是较为可靠的特征，也是本案例的主要判断方法。当然，光照和天气也会影响识别的准确率。

根据相关规定，我国汽车牌照的配色主要有以下 3 类：

（1）蓝底白字的传统牌照。

（2）绿底黑字的新能源车牌照，其中小型车为渐变绿色，大型车为黄绿双拼色。

（3）白底黑字等特殊牌照。

本案例将从车牌的配色出发，并辅以其他方法进行车牌的定位和识别。

9.2 案例描述

本案例以蓝底白字的传统牌照为识别目标，其余配色的车牌识别原理相同，只需对颜色识别模块稍加修改。在本案例中的车牌大小和倾斜角度不尽相同，不过采用的算法适用于各种情况下的车牌定位和识别。

在本案例中使用的输入图像共 3 幅，如图 9-1 所示。为了方便说明，3 张车牌编号为 1号、2 号、3 号车牌，其文件名分别为 Plate1.png、Plate2.png 和 Plate3.png。考虑到车主的隐私，车牌中第 1 个字符，即代表省份的汉字被隐去。

（a）1 号车牌　　　　　　（b）2 号车牌　　　　　　（c）3 号车牌

图 9-1　用于识别的 3 张车牌

9.3 案例分析

从图 9-1 可以看出，车牌区域基本是蓝色和白色，只有固定用的铆钉颜色有所不同，因此，可以根据这种颜色特征得出车牌的候选区域。当然，由于车身颜色和周围环境的复杂性，符合颜色特征的区域未必一定是车牌，因此需要对候选区域进行筛选，排除掉不符合条件的区域。

另外，图像中的车牌可能存在一定程度的倾斜，因此在框定车牌区域时要用旋转矩形来定位。在确定车牌的位置后，还需要将倾斜的车牌调整为水平状态以便于后期处理。

字符的分割可以采用连通域的方法，字符识别则可利用第 8 章介绍过的 Tess4J。理论上讲，在调用 Tess4J 进行字符识别时无须对字符进行分割，但是直接识别时准确率往往不高，因此本案例采用先分割再识别的方法。

9.4　总体设计

9.4.1　系统需求

本案例除 OpenCV 外，还需要安装有 Tess4J，具体方法可参照 8.1 节。

9.4.2　总体思路及流程

根据上述分析，本案例的总体流程如下：
（1）标记蓝色区域。
（2）去除多余轮廓线。
（3）闭运算使车牌区域一体化。
（4）定位车牌位置。
（5）透视变换。
（6）是否是车牌的判断。
（7）字符分割。
（8）字符识别并输出结果。

9.5　车牌识别的实现

9.5.1　颜色判断

在本案例中车牌的定位主要根据其配色来判断，因此需要先界定蓝色和白色的数值范围。考虑到车辆中各种颜色的复杂性，程序中根据颜色的 RGB 值来判断颜色，对蓝色和白色分别用 isBlue()和 isWhite()函数进行判别。两个函数的声明行如下：

```
public static boolean isBlue(int b, int g, int r)

public static boolean isWhite(int b, int g, int r)
```

3 个参数 b、g、r 分别代表像素的蓝色（Blue）、绿色（Green）和红色（Red）通道值，取值范围为 0~255。另外，isWhite()函数中对白色的判断较为宽泛，主要是为了提高处理速度。在判断是否是车牌时该函数将和 isBlue()函数配合使用，并不会影响识别效果。

9.5.2　蓝色标记

在定义好颜色的范围之后，就可以对输入图像进行颜色的标记了，颜色的标记通过markBlue()函数实现。该函数实际上生成了一张二值图，仅区分蓝色和非蓝色，3 张车牌的标记结果如图 9-2 所示。除了车牌之外，车体中还有少量轮廓线也被标出，这些多余的线条将在后续处理中被去除。

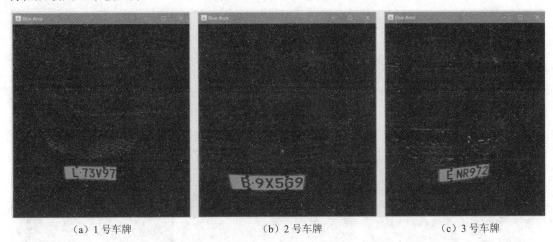

(a) 1号车牌　　　　　(b) 2号车牌　　　　　(c) 3号车牌

图 9-2　3 张车牌的蓝色区域

9.5.3　去除多余轮廓线

为了把多余的轮廓线去掉，可以在上述图像的基础上取最小外接矩形，然后根据矩形的长和宽进行过滤，程序中实现这部分功能的是 possibleArea()函数。

但这里有一种较为复杂的情况：车牌中用于固定的铆钉有时会与车牌中的字符粘连，这样一张车牌可能被分解成多个轮廓，如图 9-3 所示，2 号和 3 号车牌都被分解成了两部分。为了解决这个问题，程序中用 fillConvexPoly()函数将每个外接矩形都绘制成实心，这样互相重叠的外接矩形将连成一体，从而保证了车牌图像的完整性。

(a) 1号车牌　　　　　(b) 2号车牌　　　　　(c) 3号车牌

图 9-3　车牌可能被分解成多个轮廓

获取最小外接矩形的 minAreaRect()函数返回的是一个 RotatedRect 对象，即旋转矩形。

旋转矩形具有 center、width、height、angle 等成员变量，但是根据这些变量得到旋转矩形的 4 个顶点较为烦琐，因此 OpenCV 中提供了 boxPoints()函数，调用该函数可直接获得旋转矩形 4 个顶点的坐标。

这段代码的倒数第 2 句也很关键。通过和输入的灰度图（实际上是二值图）进行与运算，原图像中大量无用的轮廓线被剔除，该行代码如下：

```
Core.bitwise_and(binary, m, m);
```

经过上述处理后的图像如图 9-4 所示。此时，车牌已经非常清晰地呈现在我们眼前了。

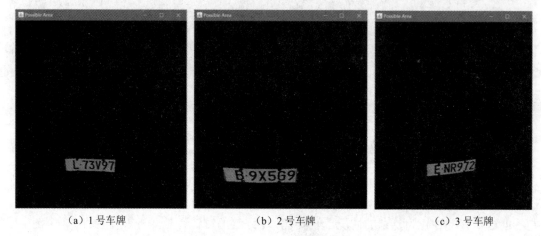

(a) 1 号车牌   (b) 2 号车牌   (c) 3 号车牌

图 9-4   去除多余轮廓线后的车牌

9.5.4   一体化

接下来要做的是确定车牌的位置。上一步处理后的车牌区域可能是由多个矩形拼接而成的，因而整体形状不太规则。另外，铆钉和图像中的噪点仍然可能妨碍车牌融为一体，而闭运算可以解决这个问题，具体见 morph()函数。

闭运算是对图像先膨胀后腐蚀的过程，是针对图像中的高亮部分的，而图 9-4 中高亮部分其实是车牌的蓝色部分，经过闭运算后，高亮区域将蔓延到车牌中的字符部分，同时闭运算还能保证车牌外部轮廓尺寸不变。以 1 号车牌为例，处理后的图像如图 9-5 所示。

经过上述处理后，车牌区域终于融为一体了。当然，此处的车牌区域尚未经过验证，只是一种可能性。

9.5.5   车牌的定位

此处的定位是指获取车牌的 4 个顶点，定位后可以对该车牌区域进行透视变换，将车牌转换成水平放置。这一步无论对车牌的判断还是对字符的分割都是不可或缺的，程序中通过 locateArea()函数实现。该函数返回的是一个数组，其中每 8 个为一组，代表 1 个旋转矩形的 4 个顶点（每个顶点都有 x 坐标和 y 坐标）。这是一种谨慎的做法，因为经过上述处理可能产

图 9-5　闭运算后的 1 号车牌

生 1 个以上的矩形区域,其中只有一个是车牌。

9.5.6　透视变换

获得顶点坐标后就可以进行透视变换了,程序中用 perspTransform()函数实现这一功能。

根据相关规定,蓝底白字车牌的标准尺寸为 440×140mm,在该函数中将透视变换后的尺寸设置为 132×42mm 大小正是参照了这个比例。此外,该函数中的参数 p 是一个含 8 个元素的数组,而用于车牌定位的 locateArea()函数返回的数组可能不止 8 个元素,因此,需要一个函数实现这个转换,这就是 pointGroup()函数。

经过透视变换以后的矩形区域如图 9-6 所示,除了边框和铆钉外已经没有太多干扰了。不过理论上讲一张图像中可能出现多个这样的矩形区域,而其中只有一个是车牌,因此还需要判断该区域是否是车牌。

（a）1 号车牌　　　　　（b）2 号车牌　　　　　（c）3 号车牌

图 9-6　透视变换后

9.5.7　车牌判断

车牌的判断通过 markWhite()函数实现。该函数对区域中的蓝色和白色像素进行计数,超过设定阈值即判定为车牌。在统计蓝色和白色像素的同时,程序还对白色部分进行了标记。

如果判断为车牌，则可直接用返回的图像进行文字识别。由于考虑到车牌区域的边缘会对识别造成干扰，所以返回的图像去掉了最外围的 3 层像素。经过标记后的 3 张车牌如图 9-7 所示。

(a) 1 号车牌　　　　　(b) 2 号车牌　　　　　(c) 3 号车牌

图 9-7　车牌的白色部分

9.5.8　字符分割

至此，车牌图像已经可供识别了。为了获得较高的识别率，在进行字符识别前应先进行字符分割。较为常用的分割方法是连通域，因为一个字符通常属于同一个连通域，具体代码见 connectedParts() 函数。

该函数中再次用到了 OpenCV 的 connectedComponentsWithStats() 函数，该函数返回的 stats 矩阵中包含连通域左上角的坐标（left, top）及连通域的宽度和高度，centroids 则包括了每个连通域的质心坐标。代码中根据连通域的高度进行筛选，凡是高度不足 10 像素的连通域均被排除。由于各连通域的排列并无固定顺序，因此还需要对符合标准的连通域进行排序。代码中用 sort2D() 函数实现二维数组的排序，将连通域按照左上角坐标中的 left 值从小到大排列后就是自左向右排列的了。

9.5.9　单个字符的识别

接下来要做的就是逐一取出单个字符进行识别了，oneChar() 函数将一个连通域重新绘制成二值图以供识别。该函数将标签号等于 labelId 的像素设为白色，然后将该图像反相后输出，以便于识别。1 号车牌将被绘制成如图 9-8 所示的 6 个字符。

图 9-8　1 号车牌的 6 个字符

文字识别部分用 OCR() 函数实现，该函数使用第 8 章介绍的 Tess4J 进行识别，3 张车牌的识别结果如图 9-9 所示。由于车牌中代表省份的汉字被移除，因此剩余字符都是英文字符或数字，识别时只要使用英语库即可。

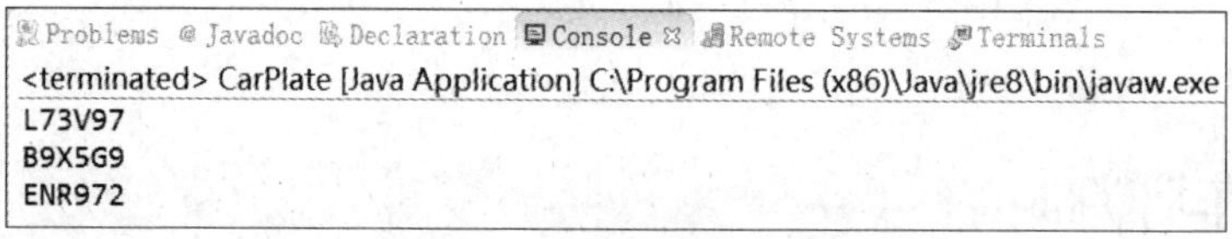

图 9-9　识别出的车牌号

9.6　完整代码

最后，给出本案例的完整代码：

```java
//第9章/CarPlate.java

import java.io.File;
import java.util.*;
import org.opencv.core.*;
import org.opencv.highgui.HighGui;
import org.opencv.imgcodecs.Imgcodecs;
import org.opencv.imgproc.Imgproc;

import net.sourceforge.tess4j.*;

public class CarPlate {
    public static int nBlue;
    public static int nWhite;
    public static int[][] label;

    public static void main(String[] args) {
        System.loadLibrary(Core.NATIVE_LIBRARY_NAME);

        for (int n = 1; n < 4; n++) {
            //读取含有车牌的图像
            Mat src = Imgcodecs.imread("Plate" + n + ".png");

            //标记蓝色区域
            Mat col = markBlue(src);

            //去除多余轮廓线
            Mat area = possibleArea(col);
            HighGui.imshow("Possible Area", area);
            HighGui.waitKey(0);

            //闭运算使车牌区域一体化
            Mat m = morph(area, 5);

            //定位车牌区域
            float[] pts = locateArea(m);

            //对每个可能的区域进行操作
```

```
        for (int i = 0; i < pts.length / 8; i++) {
            //取出一组数据
            float[] p = pointGroup(pts, i);

            //透视变换
            Mat rect = perspTransform(src, p);

            //统计蓝色和白色像素数并标记白色像素
            Mat plate = markWhite(rect);

            //判断是否是车牌
            if ((nBlue > 400) && (nBlue + nWhite > 4000)) { //是车牌
                //对车牌字符进行分割
                Mat matLabel = connectedParts(plate);
                if (label[0][0]==0) {
                    continue; //字符数不足 6 个,继续识别下一组
                } else {
                    String plateNum="";
                    for (int j = 0; j < 6; j++) {
                        int Id = label[j][0];
                        //绘制出一个连通域以供识别
                        oneChar(MATLABel, Id);
                        //识别出的字符
                        plateNum = plateNum + OCR("PlatePicture.png");

                    }
                    System.out.println(plateNum);
                }

            }

        }

    System.exit(0);

}

public static boolean isBlue(int b, int g, int r) {
    if ((b > g) && (b + g > 5 * r))
        return true;
    else
```

```java
        return false;
    }

public static boolean isWhite(int b, int g, int r) {
    if ((b > 120) && (g > 120) && (r > 120))
        return true;
    else
        return false;
}

public static Mat markBlue(Mat src) {
    Mat m = Mat.zeros(src.size(), CvType.CV_8UC1);
    Mat dst = new Mat();
    src.convertTo(dst, CvType.CV_32SC3);

    for (int i = 0; i < dst.rows(); i++) {
        for (int j = 0; j < dst.cols(); j++) {
            int[] d = new int[3];
            dst.get(i, j, d);             //获取所有数据
            if (isBlue(d[0], d[1], d[2]))
                m.put(i, j, 127);
        }
    }
    return m;
}

public static Mat possibleArea(Mat binary) {
    //轮廓检测
    List<MatOfPoint> contour = new ArrayList<MatOfPoint>();
    Imgproc.findContours(binary, contour, new Mat(), Imgproc.RETR_TREE,
        Imgproc.CHAIN_APPROX_SIMPLE);

    //参数准备
    MatOfPoint2f dst = new MatOfPoint2f();
    float[] data = new float[8];       //用于获取点集数据
    Mat m = Mat.zeros(binary.size(), CvType.CV_8UC1);

    for (int n = 0; n < contour.size(); n++) {
        //获取最小外接矩形
        contour.get(n).convertTo(dst, CvType.CV_32F);
        RotatedRect rect = Imgproc.minAreaRect(dst);

        //如果 w<h,则互换,保证 w 是较大值
```

```
        int w = (int) rect.size.width;
        int h = (int) rect.size.height;
        if (w < h) {
            int tmp = w;
            w = h; h = tmp;
        }

        //排除过小的矩形
        if ((w < 50) || (h < 10)) continue;

        //获取旋转矩形的 4 个顶点
        Mat pts = new Mat();
        Imgproc.boxPoints(rect, pts);
        pts.get(0, 0, data);

        //绘制实心的最小外接矩形
        Point[] pt = new Point[4];
        pt[0] = new Point(data[0], data[1]);
        pt[1] = new Point(data[2], data[3]);
        pt[2] = new Point(data[4], data[5]);
        pt[3] = new Point(data[6], data[7]);
        MatOfPoint mop = new MatOfPoint(pt);
        Imgproc.fillConvexPoly(m, mop, new Scalar(127));
    }
    Core.bitwise_and(binary, m, m);
    return m;

}

public static Mat morph(Mat src, int times) {
    Mat dst = new Mat();
    Point anchor = new Point(-1, -1);
    Imgproc.morphologyEx(src, dst, Imgproc.MORPH_CLOSE, new Mat(), anchor,
times);
    return dst;
}

public static float[] locateArea(Mat binary) {
    //轮廓检测
    List<MatOfPoint> contour = new ArrayList<MatOfPoint>();
    Imgproc.findContours(binary, contour, new Mat(), Imgproc.RETR_TREE,
Imgproc.CHAIN_APPROX_SIMPLE);
```

```
        //参数准备
        MatOfPoint2f src = new MatOfPoint2f();
        int num = contour.size();
        float[] p = new float[8 * num]; //最后输出的点集数据

        for (int n = 0; n < num; n++) {
            //获取最小外接矩形
            contour.get(n).convertTo(src, CvType.CV_32F);
            RotatedRect rect = Imgproc.minAreaRect(src);

            //如果w<h,则互换,保证w是较大值
            int w = (int) rect.size.width;
            int h = (int) rect.size.height;
            if (w < h) {
                int tmp = w;
                w = h;
                h = tmp;
            }

            //排除过小的矩形
            if ((w < 50) || (h < 10)) continue;

            //获取旋转矩形的4个顶点
            Mat pts = new Mat();
            Imgproc.boxPoints(rect, pts);
            float[] data = new float[8];
            pts.get(0, 0, data);

            //将4个顶点的8个坐标位置保存在p数组
            for (int i = 0; i < 8; i++) {
                p[n * 8 + i] = data[i];
            }
        }

        return p;
    }

    public static float[] pointGroup(float[] p0, int groupId) {
        float[] p1 = new float[8];
        for (int i = 0; i < 8; i++) {
            p1[i] = p0[8 * groupId + i];
        }
        return p1;
```

```
}

public static Mat perspTransform(Mat src, float[] p) {
    //定义原图像中4个点的坐标
    Point[] pt1 = new Point[4];
    pt1[0] = new Point(p[0], p[1]);
    pt1[1] = new Point(p[2], p[3]);
    pt1[2] = new Point(p[4], p[5]);
    pt1[3] = new Point(p[6], p[7]);

    double len1 = (p[2] - p[0]) * (p[2] - p[0]) + (p[3] - p[1])
            * (p[3] - p[1]);
    double len2 = (p[2] - p[4]) * (p[2] - p[4]) + (p[3] - p[5])
            * (p[3] - p[5]);

    //定义目标图像中4个点的坐标
    int w = 132;         //车牌区域的宽
    int h = 42;          //车牌区域的高
    Point[] pt2 = new Point[4];
    if (len1 > len2) {
        pt2[0] = new Point(0, 0);
        pt2[1] = new Point(w, 0);
        pt2[2] = new Point(w, h);
        pt2[3] = new Point(0, h);
    } else {
        pt2[0] = new Point(0, h);
        pt2[1] = new Point(0, 0);
        pt2[2] = new Point(w, 0);
        pt2[3] = new Point(w, h);
    }

    //透视变换参数准备
    MatOfPoint2f mop1 = new MatOfPoint2f(pt1);
    MatOfPoint2f mop2 = new MatOfPoint2f(pt2);
    Mat m = new Mat();

    //透视变换
    Mat matrix = Imgproc.getPerspectiveTransform(mop1, mop2);
    Imgproc.warpPerspective(src, m, matrix, new Size(w, h));

    return m;
}
```

```java
public static Mat markWhite(Mat src) {
    //转换成 CvType.CV_32SC3 类型
    Mat src2 = new Mat();
    src.convertTo(src2, CvType.CV_32SC3);

    //统计蓝色和白色像素数并标记白色像素
    nBlue = 0;      //全局变量
    nWhite = 0;     //全局变量
    Mat m = Mat.zeros(src.size(), CvType.CV_8UC1);
    for (int row = 0; row < 42; row++)
        for (int col = 0; col < 132; col++) {
            int[] d = new int[3];
            src2.get(row, col, d);
            if (isBlue(d[0], d[1], d[2])) {
                nBlue++;
            } else {
                if (isWhite(d[0], d[1], d[2])) {
                    m.put(row, col, 127);
                    nWhite++;
                }
            }
        }

    //去除最外围的 3 像素
    Mat roi = m.submat(3, 38, 3, 128);
    Mat sub = new Mat();
    roi.copyTo(sub);
    return sub;
}

public static int[][] sort2D(int[][] arr) {
    Arrays.sort(arr, new Comparator<int[]>() {
        public int compare(int[] o1, int[] o2) {
            return o1[1] - o2[1];
        }
    });
    return arr;
}

public static Mat connectedParts(Mat sub ) {
    //获取连通域
    Mat labels = new Mat(sub.size(), CvType.CV_32S);
    Mat stats = new Mat();
```

```java
        Mat centroids = new Mat();
        int num = Imgproc.connectedComponentsWithStats(sub, labels, stats,
centroids);

        //获取各连通域的数据,形成二维数组
        int[][] arr = new int[6][2];
        int count = 0;
        for (int i = 1; i < num; i++) {
            int left = (int) stats.get(i, Imgproc.CC_STAT_LEFT)[0];
            int height = (int) stats.get(i, Imgproc.CC_STAT_HEIGHT)[0];
            if (height<10) continue;   //将太短的字符排除
            arr[count][0] = i;
            arr[count][1] = left;
            count++;
            if (count==6) break;        //只取 6 组数据
        }

        if (count<6)  {                  //如果不满 6 组数据,则表示识别失败
            label[0][0] = 0;
        } else
            label = sort2D(arr);

        return labels;
    }

public static void oneChar(Mat label, int labelId) {
        Mat dst = Mat.zeros(label.size(), CvType.CV_8UC1);
        int width = label.cols();
        int height = label.rows();
        for (int i= 0; i < height; i++) {
            for (int j= 0; j< width; j++) {
                //获取标签号
                int l = (int) label.get(i, j)[0];
                //将标签号等于 labelId 的像素置为白色
                if (l == labelId)
                    dst.put(i, j, 255);
            }
        }

        //反相处理并将 dst 保存为图像文件供 OCR 识别
        Core.bitwise_not(dst, dst);
        Imgcodecs.imwrite("PlatePicture.png", dst);
    }
```

```java
public static String OCR(String filename) {
    File imageFile = new File(filename);
    ITesseract ins = new Tesseract();
    String result="";
    try {
        ins.setDatapath("D:\\Program\\JavaLib\\Tess4J\\tessdata");
        ins.setLanguage("eng");
        result = ins.doOCR(imageFile);
    }
    catch (TesseractException e) {
        e.printStackTrace();
    }
    finally {}
    return result.replace("\n","");
}

}
```

第 10 章

硬币识别

10.1 概述

随着电子支付的日益普及，现金支付的应用场景日渐减少。不过，在某些领域，例如公交、地铁、自动售货机等，现金，特别是硬币，仍然发挥着不可或缺的作用。

对于硬币的收取方来讲，硬币的清点是一项费时费力的工作。为此，有厂家专门设计了硬币清分机以提高工作效率。这些硬币清分机的原理相当简单，其实就是利用不同币值的硬币直径、厚度的差别对硬币进行分类。目前市场上大量流通的第 5 套人民币中硬币的直径见表 10-1。

表 10-1 第 5 套人民币中硬币的直径

币 值	直 径	备 注
1 元	25mm	2019 年版为 22.25mm
5 角	20.5mm	—
1 角	19mm	—

由于仅靠硬币的直径和厚度进行判断，这种硬币清分机并不能识别硬币的真假，因此，如果硬币中混有别国的硬币或游戏币、假币，则它是无能为力的。

相比之下，自动售货机中的识别机制要严谨得多。一般来讲，自动售货机识别硬币分如下两步：

（1）用光传感器测量硬币直径。当硬币通过传感器时，控制电路板会根据硬币阻挡光线的时间精确计算出硬币的直径。

（2）用通电的铜线圈鉴别硬币的金属材质。因为真币采用钢芯镀镍工艺，具有特殊的电磁特性，而不同的金属成分对铜线圈的磁场有不同的影响。这样，通过铜线圈中感应电流的变化就可以确定金属成分，从而做出判断。

经过上述两步，自动售货机可以在 1s 内判断出硬币的面额。当然，自动售货机也不能完全杜绝假币，只不过误判的概率很小而已。

在了解了硬币清分机和自动售货机中硬币识别的原理之后，再回到本章的主题：如何用

OpenCV 来判断硬币的面额。在正式进入这个话题之前，有必要对目前流通的硬币进行简单梳理。

新中国成立以来，我国共发行过 5 套人民币，但硬币的发行并不与此同步，也没有统一的名称。为了便于说明，下面用收藏界通用的名称对新中国成立以来发行过的硬币进行简单分类，具体如下。

（1）硬分币：是我国最早的硬币，1957 年发行，有 1 分、2 分、5 分 3 种面额。

（2）长城币：是 1980 年发行的第 2 套流通硬币，名称源于 1 元硬币背面的长城图案。"长城币"有 1 角、2 角、5 角、1 元 4 种面额。

（3）老三花：1992 年发行，正面为国徽，背面有牡丹、梅花、菊花图案，因而被称为"老三花"。"老三花"有 1 角、5 角、1 元 3 种面额。

（4）新三花：2000 年 10 月起陆续发行的硬币将正面的国徽、国名改成了"中国人民银行"，背面则为兰花、荷花和菊花图案，因而被称为"新三花"。"新三花"的面额有 1 角、5 角、1 元 3 种。

（5）2019 年，我国央行对硬币进行了改版，有两个显著的变化：①将 5 角硬币从金黄色改成了白色；②将 1 元硬币直径从 25mm 调整为 22.5mm。本章中将改版后的硬币归入"新三花"，不另行分类。

目前，"硬分币"和"长城币"早已退出流通，基本上只能在收藏界见到，因而识别分币和已经失传的 2 角硬币已无必要，但是即使如此，市场上流通的硬币仍有不少种类。因篇幅所限，本案例挑选几种目前仍在大量流通的 1 角和 5 角硬币的正反面进行识别，相信读者在学习了本章的相关知识之后，可以用自己的代码写出其他硬币的识别算法。

10.1.1　案例描述

如果像硬币清分机那样仅仅测算硬币的直径并据此判断硬币的面额，则本案例将相当简单。只要将硬币放在已知大小的背景上，然后根据比例算出硬币的直径即可。本案例不仅要测算硬币的直径，还要判断硬币的正反面并识别硬币正面的数字。

本案例选用 2013 年版的 1 角硬币和 2020 年版的 5 角硬币作为示范，如图 10-1 所示。

（a）1 角硬币　　　　　　　　（b）5 角硬币

图 10-1　用于识别的硬币

为了测算硬币的直径，图片中硬币上方和下方各有 1 条测距线，均为水平方向，其间距离为 30mm。在本案例中对硬币放置的角度并无限制，图片中 1 角硬币为头朝下放置，5 角硬币则略带倾斜。为了清楚地显示硬币图案，拍摄时对照明有一定要求。一方面，正对硬币的强光会造成金属反光，从而影响识别；另一方面，为了避免阴影影响硬币直径的测算，阴影不能太深，从而与硬币图案混同。

10.1.2　案例分析

硬币直径的测算相对来讲比较简单。由于测距线的距离已知，只要根据硬币的轮廓测算硬币的直径即可，但是，此处硬币的轮廓并不适合用霍夫圆获取，即使用 Canny 边缘检测后的图像进行霍夫圆检测，也经常产生如图 10-2 所示的两个圆重叠的结果，而且这两个圆的大小非常接近，很难通过直径来区分。

但是 Canny 边缘检测的结果的确是一个比较不错的开端。为了获得硬币的轮廓，可以先对这个边缘图像进行闭运算。闭运算会填充接近的轮廓线之间的空隙，同时保持原有轮廓大小。在此基础上再求取轮廓的边界矩形就能满足要求了。

为了识别硬币的正反面，需要根据正反面的不同特征来判断。观察发现，"新三花"正面都有"中国人民银行"这 6 个字，而这也是我国的硬币与其他国家硬币的主要区别。当然，仅仅为了区分正反面而识别这 6 个字有点小题大做，简单起见可以根据 6 个团块（Blob，也称为"斑点"）的大小及位置进行判断。如果把硬币摆正，"中国人民银行"这 6 个字都位于硬币的上半部分，其大小（可用近似直径表示）约占整个硬币直径的 15%，如图 10-3 所示，据此即可判断硬币的正反面。另外，这 6 个字的位置还能判断硬币是否摆正。摆正的硬币可以分成 3 组，每组两个圆的高度（可用圆心的 y 坐标来度量）应该非常接近，如图 10-3 所示。

图 10-2　霍夫圆检测结果中重叠的圆

图 10-3　硬币正面的 6 个字

摆正后的硬币对数字的识别也很有帮助。目前大量流通的硬币只有 1 元、5 角和 1 角 3 种，只涉及 1 和 5 这两个数字。为了识别硬币中心究竟是"1""5"还是其他图案，可以用自定义的特征码进行检测。

在本案例中对特征码的定义如下。

　　（1）1 角的特征码：硬币中心自左向右取 3 个矩形区域，如图 10-4（a）所示，全黑为 1，全白为 0，其余为 9。这样 1 角硬币的特征码为 "101"。

　　（2）5 角的特征码：硬币中心自上而下取 3 个矩形区域，如图 10-4（b）所示，全黑为 1，全白为 0，其余为 9。这样 5 角硬币的特征码为 "010"。

（a）1 角硬币　　　　　　　　　　　　　　（b）5 角硬币

图 10-4　硬币的识别码

　　当然此处的 "全黑" 和 "全白" 为理想情况，实际上经常会有一些噪点，这个问题可以通过设定阈值来解决。例如黑色像素占 90% 以上视为全黑，白色像素占 90% 以上视为全白。

　　上述特征码简单高效，比完整的数字识别要轻松得多。在获取指定区域的特征码以后，结合硬币的尺寸就可判断出硬币的面额，这就是本案例的大体思路。

10.2　总体设计

10.2.1　系统需求

本案例只需 OpenCV，不需要任何第三方库。

10.2.2　总体思路及流程

根据上述分析，本案例的总体流程如下：

（1）Canny 边缘检测。

（2）霍夫线检测以获取测距线的位置。

（3）对边缘检测结果进行闭运算以填充间隙。

（4）通过边界矩形测算硬币直径。

（5）判断硬币正反面。

（6）旋转硬币以将其摆正。

（7）根据特征码判断中心区域的数字。

（8）综合判断硬币面额。

10.3　硬币识别的实现

10.3.1　边缘检测

由于轮廓检测、特征判断等算法都是以二值图为基础的,因此首先需要将彩色图像转换成二值图。在本案例中对边缘线质量要求较高,用 Canny 算法较为理想。程序中用 runCanny() 函数实现二值化,该函数将生成如图 10-5 所示的二值图。

（a）1角硬币　　　　　　　　　　　　　　　（b）5角硬币

图 10-5　Canny 边缘检测结果

从图 10-5 中可以看出,硬币的边缘处都有双层轮廓,这对后期处理不利,需要将其中的间隙填充以使其连为一体。

10.3.2　测距线

生成二值图后首先要做的是获得测距线的位置,这可以通过霍夫线检测实现,具体见 getLines()函数。该函数先进行霍夫线检测,然后筛选出其中水平方向的部分并以数组形式返回。水平直线间唯一的区别是 y 坐标不同,因此 data 数组可以是一个简单的一维数组,每个值代表一个 y 坐标。

10.3.3　闭运算

接下来需要对二值图进行闭运算以填充间隙,程序中用 morphClose()函数完成此任务。

闭运算后的结果如图 10-6 所示。

（a）1 角硬币

（b）5 角硬币

图 10-6　闭运算结果

可以发现，硬币边缘的两层轮廓已经连成一体，这样在提取轮廓时它们就是一个轮廓了。

10.3.4　硬币外框

为测算硬币的直径，只需简单提取硬币的边界矩形，矩形的高度即是硬币的直径。硬币呈圆形，因此其直边界矩形和最小外接矩形大小并无区别，而直边界矩形的处理要简单得多。OpenCV 中获取直边界矩形的函数原型如下：

```
Rect Imgproc.boundingRect(Mat array)
函数用途：计算一个二维点集或灰度图中非零像素的边界矩形。
```

【参数说明】
array：输入的二维点集或灰度图。

直边界矩形建立在轮廓的基础上，每个轮廓都会有一个相应的直边界矩形，因此整张图会产生许多直边界矩形。由于硬币的直径只有少数几个固定值，因此根据矩形的大小即可分离出硬币区域，相关代码见 getRect()函数。

该函数先用 findContours()函数提取轮廓，然后用 boundingRect()函数获取轮廓的直边界矩形并根据其大小剔除不符合条件的矩形，完成后获得如图 10-7 所示的外框。直边界矩形的宽和高可能略有差异，但差值很小，简单起见代码中直接用直边界矩形的高作为硬币的直径。

（a）1角硬币 　　　　　　　　　　　　　　　（b）5角硬币

图 10-7　硬币的外框

10.3.5　硬币直径

至此，硬币的直径已经可以计算出来了。以 1 角硬币为例，两条测距线的 y 坐标分别为 57 和 501，边界矩形高为 278，因此：

$$硬币直径=278÷(501−57)×30≈18.8mm$$

计算出的硬币直径与 1 角硬币的标准直径 19mm 非常接近。

10.3.6　边缘处理

为了判断硬币的正反面，需要在图案中寻找类似"中国人民银行"这 6 个字的团块，不过在此之前还需要进行一项特别处理。因为图 10-6 中的"中国人民银行"6 个字在经过闭运算以后与外围的轮廓线粘连，这样会影响后续判断的准确性。要解决这个问题只需将靠近硬币边缘的像素抹去，具体可以用图像的与运算实现，其原理如图 10-8 所示，图中白色圆的直径应比硬币直径略小。该部分功能的实现见 eraseBrim()函数。

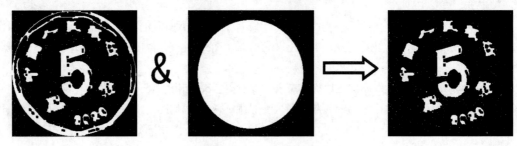

图 10-8　与运算原理图

代码中在黑色背景中绘制了一个比硬币稍小的白色实心圆，然后将此二值图与硬币图像进行与运算，处理后的结果如图 10-9 所示。可以看到，"中国人民银行" 6 个字已经不再粘连，每个字都是一个团块，这样就能通过最小外接圆获取它们的位置和大小了。

（a）1 角硬币 （b）5 角硬币

图 10-9　与运算处理结果

10.3.7　最小外接圆

最小外接圆与边界矩形类似，同样需要在轮廓的基础上提取。

OpenCV 中获取最小外接圆的函数原型如下：

```
void Imgproc.minEnclosingCircle(MatOfPoint2f points, Point center, float[] radius)
```

函数用途：寻找包围二维点集的最小面积的圆。

【参数说明】

(1) points：输入的二维点集。

(2) center：输出圆的圆心。

(3) radius：输出圆的半径。

在本案例中获取最小外接圆的代码见 minCircle() 函数。该函数首先提取轮廓，然后得出轮廓的最小外接圆。边缘处理后的图像中仍然有不少团块，因此代码中根据最小外接圆半径的大小进行了筛选。由于事先不知道符合条件的最小外接圆的个数，因此先期设定的 data 数组长度是偏大的。为了后续排序的方便，程序最后将 data 数组重置为 blob 数组。

经过上述处理后，符合条件的最小外接圆已经很少了，不过除 "中国人民银行" 6 个字以外仍然有其他团块，如图 10-10 所示。

10.3.8　正反面判断

接下来将根据这些最小外接圆来判断硬币的正反面。如前所述，判断是否是正面的依据是把硬币摆正后能否分成 3 组，其中每组两个圆心的 y 坐标接近，相关代码见 isNumSide()

（a）1 角硬币

（b）5 角硬币

图 10-10　符合条件的最小外接圆

函数。该函数中的注释详细说明了判断过程。代码中用到了对二维数组进行排序的 sort2D2()
函数，该函数根据二维数组的第 2 个元素的大小排序。

10.3.9　旋转测试

由于在本案例中硬币可能处于任何角度，因此在判断正反面前需要将硬币旋转一定角
度，实现此功能的是 rotate()函数。该函数是对图像进行旋转的标准程序，首先用
getRotationMatrix2D()函数求出旋转矩阵，然后调用 warpAffine()函数进行仿射变换，参数中
的 angle 就是旋转的角度。

OpenCV 中计算旋转矩阵的函数原型如下：

```
Mat Imgproc.getRotationMatrix2D(Point center, double angle, double scale)
函数用途：计算二维旋转的仿射矩阵。
```

【参数说明】
(1) center：原图像中的旋转中心。
(2) angle：以度为单位的旋转角度，正值表示逆时针旋转（假设坐标原点为左上角）。
(3) scale：缩放比例因子。旋转中可以实现缩放，如果不缩放，则用 1 表示。

OpenCV 中用于实现仿射变换的函数原型如下：

```
void Imgproc.warpAffine(Mat src, Mat dst, Mat M, Size dsize, int flags);
函数用途：对图像进行仿射变换。
```

【参数说明】
(1) src：输入图像。
(2) dst：输出图像，尺寸和 dsize 一致，数据类型与 src 相同。
(3) M：2×3 的转换矩阵。
(4) dsize：输出图像的尺寸。
(5) flags：差值方法，常用参数如下。
◆ Imgproc.INTER_NEAREST：最近邻插值。
◆ Imgproc.INTER_LINEAR：线性插值。

May all your wishes come true

清华大学出版社
TSINGHUA UNIVERSITY PRESS

乘风破浪

水中锦鲤

扬帆起航

◆ Imgproc.INTER_AREA：区域插值。

◆ Imgproc.INTER_CUBIC：三次样条插值。

◆ Imgproc.INTER_LANCZOS4：Lanczos插值。

◆ Imgproc.INTER_LINEAR_EXACT：位精确双线性插值。

◆ Imgproc.INTER_NEAREST_EXACT：位精确最近邻插值。

◆ Imgproc.INTER_MAX：用掩码进行插值。

◆ Imgproc.WARP_FILL_OUTLIERS：填充所有输出图像像素，如果有像素落在输入图像边界外，则将它们设为0。

◆ Imgproc.WARP_INVERSE_MAP：反变换。

仿射变换的应用范围很广，平移、旋转、缩放、翻转本质上都属于仿射变换。

为了获取将硬币摆正需要旋转的角度，需要用不同的角度反复测试，程序中用 goodAngle() 函数实现此功能。将硬币摆正前后的图像如图 10-11 所示。

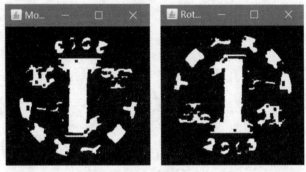

（a）1 角硬币

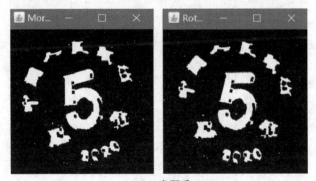

（b）5 角硬币

图 10-11　硬币摆正前后对比图

10.3.10　面额判断

接下来就可以对中心位置的数字进行判断了。如前所述，在本案例中用自定义的特征码进行判断。特征码编码时先截取一个矩形区域，然后根据其黑色像素的多少进行编码，相关代码见 countArea() 函数。

需要注意的是，函数中的参数 pX0、pX1、pY0 和 pY1 都是百分比，因为输入图像并无固定大小。该函数先将百分比转换成像素数，然后从整幅图像中截取一小块区域，统计出黑色像素数占比并据此返回编码。在此函数的基础上就可以判断硬币中心的图案是否是 "1" 或 "5" 了。程序中判断是否是 "1" 的函数是 isCoinOne()函数，判断是否是 "5" 的函数是 isCoinFive()函数。识别出中心的数字后，结合硬币的尺寸等信息就能判断硬币的面额了。

10.4　完整代码

最后，给出本案例的完整代码：

```java
//第 10 章/CountCoins.java

import java.util.ArrayList;
import java.util.Arrays;
import java.util.Comparator;
import java.util.List;

import org.opencv.core.*;
import org.opencv.highgui.HighGui;
import org.opencv.imgcodecs.Imgcodecs;
import org.opencv.imgproc.Imgproc;

public class CountCoins {

    public static int yLow;
    public static int yHigh;

    public static void main(String[] args) {
        System.loadLibrary(Core.NATIVE_LIBRARY_NAME);
        Mat src = Imgcodecs.imread("Coin1.png");
        testOneSide(src);
        System.out.println("---------------");

        src = Imgcodecs.imread("Coin5.png");
        testOneSide(src);
        System.exit(0);

    }

    public static Mat runCanny(Mat src) {
        //对图像进行边缘检测
        Mat gray = new Mat();
```

```java
        Mat canny = new Mat();
        Imgproc.cvtColor(src, gray, Imgproc.COLOR_BGR2GRAY);
        Imgproc.Canny(gray, canny, 50, 200, 3, false);

        //显示检测结果
        HighGui.imshow("Canny", canny);
        HighGui.waitKey(0);
        return canny;
    }

    public static Mat morphClose(Mat canny, int times) {
        Mat morph = new Mat();
        Point anchor = new Point(-1, -1);
        Imgproc.morphologyEx(canny, morph, Imgproc.MORPH_CLOSE, new Mat(),
anchor, times);
        HighGui.imshow("morph", morph);
        HighGui.waitKey(0);
        return morph;
    }

    public static int[] getLines(Mat canny) {
        //霍夫线检测
        Mat lines = new Mat();
        Imgproc.HoughLines(canny, lines, 2, Math.PI / 180, 200);
        int num = lines.rows();
        int data[] = new int[num + 1];

        //获取水平线的 y 坐标
        int count = 0;
        for (int n = 0; n < num; n++) {
            double rho = lines.get(n, 0)[0];      //极坐标中的ρ
            double theta = lines.get(n, 0)[1];    //极坐标中的θ

            //只保留水平线
            if (Math.abs(theta - 1.57) < 0.03) {
                count++;
                double y= Math.sin(theta) * rho;  //y 坐标
                data[count] = (int) Math.round(y);
            }
        }

        data[0] = count;                          //有效数据个数
        return data;
```

```
        }

        public static void coinLimit(int[] ln) {
            if (ln[0] != 2)
                yHigh = 0;
            else {
                if (ln[1] > ln[2]) {
                    yHigh = ln[1];
                    yLow = ln[2];
                } else {
                    yHigh = ln[2];
                    yLow = ln[1];
                }
            }
        }

        public static Rect getRect(Mat binary) {
            //用二值图进行轮廓检测
            List<MatOfPoint> contour = new ArrayList<MatOfPoint>();
            Mat hierarchy = new Mat();
            Imgproc.findContours(binary, contour, hierarchy, Imgproc.RETR_TREE,
Imgproc.CHAIN_APPROX_SIMPLE);

            //获取符合条件的边界矩形中最高的那个
            int diameter = 0;
            Rect rect = new Rect();
            for (int i = 0; i < contour.size(); i++) {
                //获取一个轮廓的边界矩形
                Rect r = Imgproc.boundingRect(contour.get(i));
                int w = r.width;
                int h = r.height;

                //剔除不符合条件的边界矩形
                int max = yHigh - yLow;
                if ((w > 0.95 * max) || (w < 0.5 * max))
                    continue;
                if ((h > 0.95 * max) || (h < 0.5 * max))
                    continue;

                //获取最高的边界矩形
                if (h > diameter) {
                    diameter = h;
                    rect = r;
```

```
            }
        }

        return rect;
    }

    public static Mat eraseBrim(Mat binary, Rect r) {
        //截取边框内的图像
        Mat roi = binary.submat(r.y, r.y + r.height, r.x, r.x + r.width);
        Mat sub = new Mat();
        roi.copyTo(sub);

        //新建黑色背景图像,并绘制比硬币稍小的白色实心圆形
        Mat m = Mat.zeros(sub.size(), CvType.CV_8UC1);
        Point center = new Point(r.width / 2, r.height / 2);
        int radius = (int) (r.height / 2 * 0.88);
        Imgproc.circle(m, center, radius, new Scalar(255), -1);

        //进行与操作以去除硬币外圈
        Core.bitwise_and(sub, m, m);
        return m;
    }

    public static int[][] minCircle(Mat binary, Point coinCenter) {
        //用二值图进行轮廓检测
        List<MatOfPoint> contour = new ArrayList<MatOfPoint>();
        Mat hierarchy = new Mat();
        Imgproc.findContours(binary, contour, hierarchy, Imgproc.RETR_TREE,
Imgproc.CHAIN_APPROX_SIMPLE);

        //参数准备
        Point center = new Point();
        float[] radius = new float[1];
        MatOfPoint2f dst = new MatOfPoint2f();
        int coinRadius = (int) coinCenter.y;
        int num = contour.size();
        int data[][] = new int[num][2];

        //获取大小适当的最小外接圆的圆心
        num = 0;
        for (int i = 0; i < contour.size(); i++) {
            contour.get(i).convertTo(dst, CvType.CV_32F);
            Imgproc.minEnclosingCircle(dst, center, radius);
```

```java
            int r = Math.round(radius[0]);
            if ((r > coinRadius * 0.12) && (r < coinRadius * 0.2)) {
                data[num][0] = (int) center.x;
                data[num][1] = (int) center.y;
                num++;
            }
        }

        //将 data 数组复制到 blob 数组以便于排序
        int blob[][] = new int[num][2];
        for (int i = 0; i < num; i++) {
            blob[i][0] = data[i][0];
            blob[i][1] = data[i][1];
        }

        return blob;
    }

    public static Mat rotate(Mat src, Point center, double angle) {
        //计算旋转矩阵并旋转图像
        Mat matrix = Imgproc.getRotationMatrix2D(center, angle, 1.0);
        Mat dst = new Mat();
        Imgproc.warpAffine(src, dst, matrix, src.size(), Imgproc.INTER_LINEAR);
        return dst;
    }

    public static int[][] sort2D2(int[][] arr) {
        //用二维数组的第二维排序
        Arrays.sort(arr, new Comparator<int[]>() {
            public int compare(int[] o1, int[] o2) {
                return o1[1] - o2[1];
            }
        });
        return arr;
    }

    public static boolean isNumSide(int[][] blob, Point coinCenter) {
        //如果不足 6 组数据,则非正面
        if (blob.length < 6)
            return false;

        //对 blob 数组中的 y 坐标排序,如果不符合条件,则为非正面
        int[][] sorted = sort2D2(blob);
```

```
        if (sorted[5][1] > 0.9 * coinCenter.y)
            return false;

        //分三组对比,如果y坐标差异过大,则为非正面
        int threshold = 8;
        if (Math.abs(sorted[0][1] - sorted[1][1]) > threshold)
            return false;
        if (Math.abs(sorted[2][1] - sorted[3][1]) > threshold)
            return false;
        if (Math.abs(sorted[4][1] - sorted[5][1]) > threshold)
            return false;

        return true;
    }

    public static int goodAngle(Mat binary, Point coinCenter) {
        //顺时针旋转图像以寻找摆正硬币的合适角度
        for (int n = 360; n > 0; n--) {
            Mat rotated = rotate(binary, coinCenter, n);
            int[][] blob = minCircle(rotated, coinCenter);
            boolean result = isNumSide(blob, coinCenter);
            if (result)
                return n;
        }
        return -1;                  //返回-1表示无法找到合适角度
    }

    public static int countArea(Mat binary, int pX0, int pX1, int pY0, int
pY1) {
        //pX0、pX1、pY0和pY1都是百分比,应转换为像素数
        int x0 = (int) (pX0 / 100.0 * binary.width());
        int x1 = (int) (pX1 / 100.0 * binary.width());
        int y0 = (int) (pY0 / 100.0 * binary.height());
        int y1 = (int) (pY1 / 100.0 * binary.height());

        //截取指定范围的图像
        Mat roi = binary.submat(y0, y1, x0, x1);
        Mat sub = new Mat();
        roi.copyTo(sub);

        //清点该范围内的黑点数(像素值=0)
        int total = (x1 - x0) * (y1 - y0);
        int count = total - Core.countNonZero(sub);
```

```java
        //计算黑点占比并判断特征码
        double percent = count / (double) total;
        if (percent > 0.9)
            return 1;                    //几乎是黑点
        if (percent < 0.1)
            return 0;                    //几乎是白点
        return 9;
    }

    public static boolean isCoinOne(Mat binary) {
        int n1 = countArea(binary, 31, 42, 38, 61);
        int n2 = countArea(binary, 44, 55, 23, 76);
        int n3 = countArea(binary, 57, 65, 24, 66);
        int result = n1 * 100 + n2 * 10 + n3;

        System.out.println("1 的特征码: " + result);
        if (result == 101)
            return true;
        else
            return false;
    }

    public static boolean isCoinFive(Mat binary) {
        int n1 = countArea(binary, 43, 61, 30, 37);
        int n2 = countArea(binary, 47, 55, 51, 58);
        int n3 = countArea(binary, 40, 56, 62, 66);
        int result = n1 * 100 + n2 * 10 + n3;

        System.out.println("5 的特征码: " + result);
        if (result == 10)
            return true;
        else
            return false;
    }

    public static int testOneSide(Mat src) {
        //Canny 边缘检测
        Mat canny = runCanny(src);

        //获取测距线坐标
        int ln[] = getLines(canny);
        coinLimit(ln);
```

```java
        if (yHigh == 0) {
            System.out.println("输入图像不符合条件,需检查后重试! ");
            return 0;
        }
        System.out.println("测距线 y 坐标: " + yLow + "," + yHigh);

        //闭运算填充缝隙
        Mat morph = morphClose(canny, 2);

        //获取硬币边框并用矩形表示
        Rect rect = getRect(morph);
        Imgproc.rectangle(src, new Point(rect.x, rect.y), new Point(rect.x+
rect.width, rect.y + rect.height), new Scalar(0, 0, 255), 3);
        HighGui.imshow("Rect", src);
        HighGui.waitKey(0);

        //计算出硬币大小
        double diameter = rect.height * 30.0 / (yHigh - yLow);
        System.out.print("测算直径:");
        System.out.format("%.1f", diameter);
        System.out.println("mm");

        //硬币边缘处理
        Mat m = eraseBrim(morph, rect);
        HighGui.imshow("Morphed", m);
        HighGui.waitKey(0);

        //获取硬币摆正需要旋转角度
        Point coinCenter = new Point(rect.width / 2, rect.height / 2);
        int angle = goodAngle(m, coinCenter);
        if (angle == -1) {
            System.out.println("非硬币正面! ");
            return 0;
        }

        //硬币摆正后的图像
        Mat upright = rotate(m, coinCenter, angle);
        HighGui.imshow("Upright", upright);
        HighGui.waitKey(0);

        //判断是否是 1 角硬币
        boolean result = isCoinOne(upright);
        if ((result) && (diameter > 18) && (diameter < 20)) {
```

```
        System.out.println("这是1角硬币！");
        return 1;
    }

    //判断是否是5角硬币
    result = isCoinFive(upright);
    if ((result) && (diameter > 19.5) && (diameter < 21.5)) {
        System.out.println("这是5角硬币！");
        return 5;
    }
    return 0;
    }

}
```

程序运行后，控制台输出的结果如图 10-12 所示。

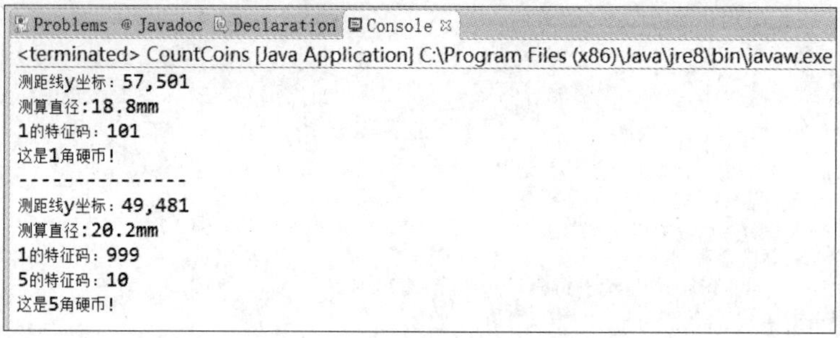

```
Problems  @ Javadoc  Declaration  Console ✕
<terminated> CountCoins [Java Application] C:\Program Files (x86)\Java\jre8\bin\javaw.exe
测距线y坐标：57,501
测算直径：18.8mm
1的特征码：101
这是1角硬币！
---------------
测距线y坐标：49,481
测算直径：20.2mm
1的特征码：999
5的特征码：10
这是5角硬币！
```

图 10-12　控制台输出的结果

为了测试非硬币正面时的运行结果，下面用如图 10-13 所示的 1 角硬币的反面图像进行测试。

图 10-13　1 角硬币的反面

程序在运行过程中各阶段显示的图像如图 10-14 所示。

（a）Canny 边缘检测结果

（b）闭运算结果

（c）硬币外框

（d）与运算处理后的结果

图 10-14　1 角硬币反面识别中显示的图像

程序运行后控制台输出的结果如图 10-15 所示。由于该图像未通过硬币正面的测试，所以程序很快就结束了。

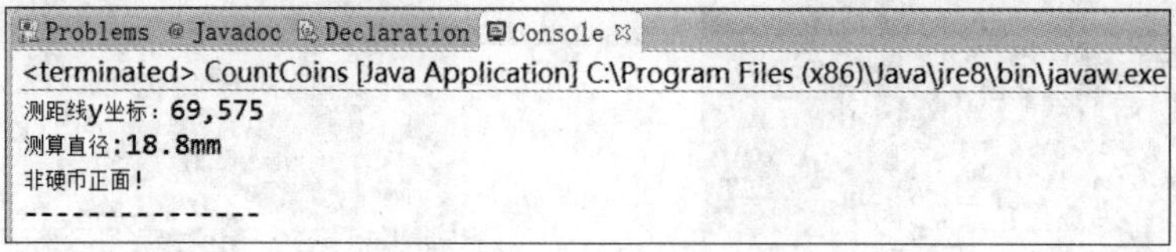

```
🛒 Problems  @ Javadoc  🔍 Declaration  🖥 Console  ⋈
<terminated> CountCoins [Java Application] C:\Program Files (x86)\Java\jre8\bin\javaw.exe
测距线y坐标：69,575
测算直径：18.8mm
非硬币正面！
----------------
```

图 10-15　1 角硬币反面识别后显示结果

第 11 章

零件检测

11.1 概述

工业化生产中很多环节需要对前道工序进行质量检验，其中不少检验仅靠人眼即可完成，例如检查零件是否已经安装或者安装质量是否合格，但是人眼检测也存在一些缺点，例如速度慢、疲劳后的误检等，此时计算机视觉技术就能大显身手了。本案例将用 OpenCV 检测一个电子零件中的芯片是否已经安装。

11.1.1 案例描述

本案例将要检测的是如图 11-1 所示的一个电子零件，其中图 11-1（a）是成品，图 11-1（b）则是尚未安装完成的半成品。

该零件其实是在一块线路板上焊接了一些元器件。线路板底色为蓝色，角上有 4 个圆孔，线路板上焊接有 3 块黑色芯片，一条长边边缘还焊有 4 个引脚，标注后的线路板如图 11-2 所示。检测时芯片都是引脚朝下放置，整个线路板大致呈水平放置。本案例需要根据图片识别 3 块芯片是否已经安装完成。

（a）成品

图 11-1　待检测的电子零件

（b）半成品

图 11-1（续）

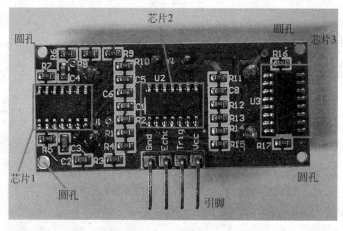

图 11-2   各组成部分标记

11.1.2   案例分析

本案例的关键仍然是找出线路板的边界，但是由于线路板一侧有引脚，所以整个线路板的轮廓并非一个矩形。不过线路板角上有圆孔，可以据此进行定位。由于圆孔的圆形较为规整，所以可以用霍夫圆检测来定位，但是由于图像的复杂性，检测出的圆形会比较多，所以需要用技术手段判断哪些是圆孔，哪些不是。

定位 4 个圆孔以后可以对线路板进行透视变换，由于芯片安装位置固定，根据透视变换后的图像即可定位芯片的位置。线路板底色为蓝色，而芯片为黑色，根据相应位置的颜色即可判断芯片是否已安装完成。

11.2 总体设计

11.2.1 系统需求

本案例只需 OpenCV，不需要任何第三方库。

11.2.2 总体思路及流程

根据上述分析，本案例的总体流程如下：
（1）Canny 边缘检测。
（2）霍夫圆检测。
（3）定位圆孔位置。
（4）透视变换。
（5）检测芯片位置的颜色。
（6）根据颜色判断芯片是否已安装。

11.3 零件安装检测的实现

11.3.1 Canny 边缘检测

本案例仍然采用 Canny 边缘检测，相关代码见 runCanny()函数。边缘检测后的图像如图 11-3 所示。

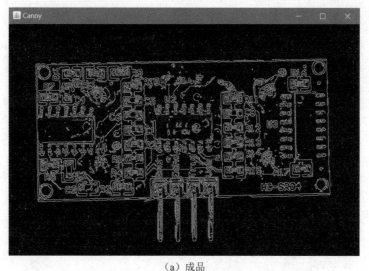

（a）成品

图 11-3 边缘检测后的图像

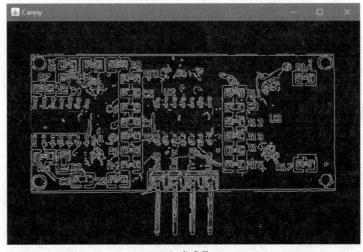

（b）半成品

图 11-3（续）

11.3.2　霍夫圆检测

霍夫圆检测是通过 getCircles()函数实现的。代码中 HoughCircles()函数的最后两个参数是圆的最小半径和最大半径，通过这两个参数可以减少圆的数量。检测结果通过一个二维数组返回，该数组有 3 个元素，分别代表圆的半径、x 坐标和 y 坐标。

检测出的圆可通过 drawCircles()函数绘制在原图像上并在屏幕上显示，绘制结果如图 11-4 所示。可以看到，除了角上的 4 个圆孔外，程序还检测到了其他一些圆，虽然有的形状并不像圆，但这是由霍夫圆检测的原理决定的。

（a）成品

图 11-4　霍夫圆检测结果

（b）半成品

图 11-4（续）

11.3.3 圆孔的定位

接下来需要确定哪些是需要的圆孔，哪些不是。可以用简单的方法先排除掉一些，程序中用 isQualified()函数进行筛选，该函数计算 4 个点之间的相互距离并根据距离判断是否合格。由于霍夫圆检测的结果并不存在固定的顺序，所以调用该函数前需要将 4 个点按指定顺序排列，程序中用 arrangeFour()函数实现这一功能。

接下来是如何定位圆孔的位置。由于引脚的存在，此处并不能用答题卡中的方法确定最外围的 4 个点，因为引脚处如果检测到圆，则该圆心可能位于圆孔构成的矩形的外部。为解决此问题，本案例采用一个不同的方法，其原理如图 11-5 所示。

假设现在要测试 A、B、C、D 这 4 个点是否是圆孔的圆心。首先将 A、B、C、D 连接成矩形，然后按照一定的比例将该矩形向外扩充一些，这样就能覆盖整个线路板的区域。接着在两条长边的 1/3 和 2/3 处，将通过它们的线段连接成另一个矩形，此矩形将覆盖引脚区域。如果这 4 个点是圆孔的圆心，则用黑色的实心矩形绘制上述两个矩形后整张图基本上全是黑色了；如果不是，则处理后的图形仍会留有较多的白色线条。由于线路板基本呈水平放置，所以 A 点与 D 点的 x 坐标很接近，B 点和 C 点也是如此，这样 A 点与 D 点的 x 坐标可用它们的均值代替，B 点和 C 点也是一样的，这样求解第 2 个矩形更为简单。

程序中用 checkArea()函数来完成上述任务。该函数首先计算长边的 1/3 和 2/3 处的 x 坐标，并据此画出实心矩形，当 rectangle()函数的最后一个参数为负值时表示绘制的是实心矩形。接下来调用 drawPoly()函数绘制实心的矩形，该函数调用了 OpenCV 的 fillPoly()函数绘制实心多边形，其中第 2 个参数 pts 是多边形的点集，数据类型必须是 MatOfPoint 类，可以从 Point 数组直接转换而来。

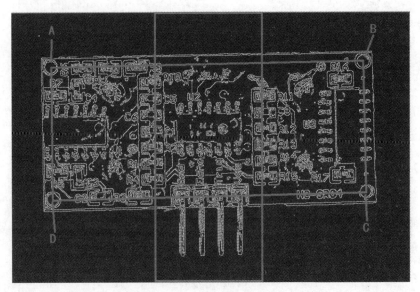

图 11-5　圆孔定位原理

矩形绘制完成后调用 countNonZero()函数统计图像中非零像素值的个数并返回。灰度图中像素值为 0 代表黑色，因此如果返回值接近 0，则表示圆孔定位成功。由于 checkArea()函数每次只能检测 4 个点，而要定位圆孔需要对所有候选的圆心依次进行测试，所以程序中用 findFour()函数实现这一功能。

该函数实际上采用了暴力搜索的方式，如果 checkArea()函数的返回值小于 10 个，则认为检测成功，程序将退出循环，不再搜索其余组合。如果检测成功，则返回的 pt 数组里面包含了 4 个点的坐标位置，如果检测失败，则函数将返回 out 数组，该数组的第 1 个元素将被置为-1，这是检测失败的标志。

11.3.4　透视变换

圆孔定位成功后，可对图像进行透视变换将线路板转换成标准尺寸。透视变换用到的转换矩阵通过 perspMatrix()函数求出，变换后的图像如图 11-6 所示。

（a）成品

（b）半成品

图 11-6　透视变换后

11.3.5 颜色检测

由于芯片在线路板上的位置固定，根据透视变换后的图像就能找到芯片所在的位置，接下来要做的是检测芯片位置的颜色并据此判断芯片是否已经焊接完成。由于线路板底色为蓝色，所以在本案例中用 isBlue()函数来判断某像素是否为蓝色。该函数与车牌识别中判断蓝色的函数相同。利用此函数，只要计算芯片所在区域的蓝色像素比例即可判断芯片是否存在，这部分代码见 blueRate()函数。

该函数并不复杂，但其中有一个细节需要注意：在获取像素的 RGB 值前需要将矩阵转换成 CV_32SC3 类型。此数据类型表示矩阵中的数据为 32 位符号整数并有 3 个通道，之所以需要这样做是因为 Java 的数据类型与 OpenCV 不完全兼容。Java 中 Byte 类型的取值范围是−128~127，而 OpenCV 中像素值的取值范围通常为 0~255，两者的取值范围并不相同。在通过 Mat 类的 get()方法获取像素值时需要指定一个数组，该数组可以是 byte 类，也可以是 int 类。如果数据类型被设为 Byte 类，则意味着返回值为−128~127，当像素值为 255 时将被映射为−1。在某些情况下映射的结果并没有问题，但是此处像素值将被用来判断是否是蓝色，映射为负值会引起误判。为了避免此问题，数据类型只能设为 int 类，而 sub 矩阵的数据类型也必须进行相应转换，这就是 sub 矩阵需要用 convertTo()函数转换为 CV_32SC3 类型的原因。

11.3.6 芯片检测

颜色检测完成后就可以据此检测 3 个芯片是否已经安装完成了，该功能由 checkChips()函数完成。

11.4 完整代码

最后，给出本案例的完整代码：

```
//第 11 章/CheckParts.java

import java.text.NumberFormat;
import java.util.*;

import org.opencv.core.*;
import org.opencv.highgui.HighGui;
import org.opencv.imgcodecs.Imgcodecs;
import org.opencv.imgproc.Imgproc;

public class CheckParts {
```

```java
public static int width;              //图像宽度
public static int height;             //图像高度
public static int holeWidth = 630;    //圆孔间横向距离
public static int holeHeight = 265;   //圆孔间纵向距离

public static void main(String[] args) {
    System.loadLibrary(Core.NATIVE_LIBRARY_NAME);

    //检测零件1
    Mat src = Imgcodecs.imread("Parts1.png");
    System.out.println("Parts1 检测结果: ");
    checkParts(src);

    //检测零件2
    src = Imgcodecs.imread("Parts2.png");
    System.out.println();
    System.out.println("Parts2 检测结果: ");
    checkParts(src);

    System.exit(0);
}

public static Mat runCanny(Mat src) {
    //对图像进行边缘检测
    Mat gray = new Mat();
    Mat canny = new Mat();
    Imgproc.cvtColor(src, gray, Imgproc.COLOR_BGR2GRAY);
    Imgproc.Canny(gray, canny, 50, 200, 3, false);

    //显示检测结果
    HighGui.imshow("Canny", canny);
    HighGui.waitKey(0);
    return canny;
}

public static int[][] getCircles(Mat canny) {
    //霍夫圆检测
    Mat circles = new Mat();
    Imgproc.HoughCircles(canny, circles, Imgproc.HOUGH_GRADIENT, 1, 10,
                  100, 30, 10, 30);

    //将半径和圆心保存为数组
    int count = circles.cols();
```

```
        int[][] circle = new int[count][3];
        for (int n = 0; n < count; n++) {
            double[] d = circles.get(0, n);
            circle[n][0] = (int) d[2];      //半径
            circle[n][1] = (int) d[0];      //圆心的 x 坐标
            circle[n][2] = (int) d[1];      //圆心的 y 坐标
        }
        return circle;
    }

    public static void drawCircles(Mat src, int[][] circle) {
        //将检测出的圆画出
        Mat draw = src.clone();
        for (int n = 0; n < circle.length; n++) {
            int radius = (int) Math.round(circle[n][0]);              //半径
            Point center = new Point(circle[n][1], circle[n][2]);     //圆心
            Imgproc.circle(draw, center, radius, new Scalar(0,0,255), 5);
        }

        //在屏幕上显示检测结果
        HighGui.imshow("Circles", draw);
        HighGui.waitKey();
    }

    public static int[][] sort2D2(int[][] arr) {
        //用二维数组的第 2 个元素排序
        Arrays.sort(arr, new Comparator<int[]>() {
            public int compare(int[] o1, int[] o2) {
                return o1[1] - o2[1];
            }
        });
        return arr;
    }

    public static int[] arrangeFour(int[][] circle, int n1, int n2, int n3, int n4) {
        //获取 4 个点的坐标并按 x 坐标排序
        int[][] p = new int[4][3];
        for (int i = 0; i < 3; i++) {
            p[0][i] = circle[n1][i];
            p[1][i] = circle[n2][i];
            p[2][i] = circle[n3][i];
            p[3][i] = circle[n4][i];
```

```
        }
        int[][] sorted = sort2D2(p);

        //重新排列 4 个点
        int[] pt = new int[8];
        if (sorted[0][2] < sorted[1][2]) {
            pt[0] = sorted[0][1];
            pt[1] = sorted[0][2];
            pt[6] = sorted[1][1];
            pt[7] = sorted[1][2];
        } else {
            pt[0] = sorted[1][1];
            pt[1] = sorted[1][2];
            pt[6] = sorted[0][1];
            pt[7] = sorted[0][2];
        }

        if (sorted[2][2] < sorted[3][2]) {
            pt[2] = sorted[2][1];
            pt[3] = sorted[2][2];
            pt[4] = sorted[3][1];
            pt[5] = sorted[3][2];
        } else {
            pt[2] = sorted[3][1];
            pt[3] = sorted[3][2];
            pt[4] = sorted[2][1];
            pt[5] = sorted[2][2];
        }
        return pt;
    }

    public static boolean isQualified(int[] pt) {
        double len12 = Math.abs(pt[0] - pt[2]);
        double len23 = Math.abs(pt[3] - pt[5]);
        double len34 = Math.abs(pt[4] - pt[6]);
        double len14 = Math.abs(pt[7] - pt[1]);
        if ((len12 < width / 3) || (len34 < width / 3))
            return false;
        if ((len23 < height / 3) || (len14 < height / 3))
            return false;
        return true;
    }
```

```java
public static Mat drawPoly(Mat img, int[] pt) {
    //多边形的顶点
    int add = (int) (0.05*Math.abs(pt[0]-pt[2])); //圆洞中心离边缘的距离
    Point[] pt1 = new Point[4];
    pt1[0] = new Point(pt[0] - add, pt[1] - add);
    pt1[1] = new Point(pt[2] + add, pt[3] - add);
    pt1[2] = new Point(pt[4] + add, pt[5] + add);
    pt1[3] = new Point(pt[6] - add, pt[7] + add);
    MatOfPoint mop = new MatOfPoint(pt1);
    List<MatOfPoint> pts = new ArrayList<MatOfPoint>();
    pts.add(mop);

    //绘制实心的多边形
    Imgproc.fillPoly(img, pts, new Scalar(0));
    return img;
}

public static int checkArea(Mat binary, int[] pt) {
    Mat draw = new Mat();
    binary.copyTo(draw);
    int x0 = (pt[0] + pt[6]) / 2;
    int x3 = (pt[2] + pt[4]) / 2;
    int x1 = (int) (x0 + (x3 - x0) / 3.0);
    int x2 = (int) (x0 + (x3 - x0) * 2 / 3.0);

    Rect rect = new Rect(x1, 0, x2 - x1, height);
    Imgproc.rectangle(draw, rect, new Scalar(0), -1);
    drawPoly(draw, pt);

    int count = Core.countNonZero(draw);
    return count;
}

public static int[] findFour(Mat binary, int[][] circles) {
    int[] out = new int[8];
    int n = circles.length;
    for (int i = 0; i < n - 3; i++) {
        for (int j = i + 1; j < n - 2; j++) {
            for (int k = j + 1; k < n - 1; k++) {
                for (int l = k + 1; l < n; l++) {
                    int[] pt = arrangeFour(circles, i, j, k, l);
                    if (isQualified(pt)) {
                        int count = checkArea(binary, pt);
```

```
                            if (count < 10)
                                return pt;
                        }
                    }
                }
            }
        }
        out[0] = -1;
        return out;
    }

    public static Mat perspMatrix(int[] pt, int width, int height) {
        //定义原图像中 4 个点的坐标
        Point[] pt1 = new Point[4];
        pt1[0] = new Point(pt[0], pt[1]);
        pt1[1] = new Point(pt[2], pt[3]);
        pt1[2] = new Point(pt[4], pt[5]);
        pt1[3] = new Point(pt[6], pt[7]);

        //定义目标图像中 4 个点的坐标
        Point[] pt2 = new Point[4];
        pt2[0] = new Point(0, 0);
        pt2[1] = new Point(width, 0);
        pt2[2] = new Point(width, height);
        pt2[3] = new Point(0, height);

        //计算透视变换的转换矩阵
        MatOfPoint2f mop1 = new MatOfPoint2f(pt1);
        MatOfPoint2f mop2 = new MatOfPoint2f(pt2);
        Mat matrix = Imgproc.getPerspectiveTransform(mop1, mop2);

        return matrix;
    }

    public static boolean isBlue(int b, int g, int r) {
        if ((b > g) && (b + g > 5 * r))
            return true;
        else
            return false;
    }

    public static double blueRate(Mat src, Rect chip) {
        int x0 = chip.x;
```

```
        int y0 = chip.y;
        int x1 = x0 + chip.width;
        int y1 = y0 + chip.height;

        //去除芯片边缘像素
        Mat roi = src.submat(y0 + 10, y1 - 10, x0 + 10, x1 - 10);
        Mat sub = new Mat();
        roi.copyTo(sub);
        sub.convertTo(sub, CvType.CV_32SC3);

        //统计芯片范围内蓝色像素所占比例
        int count = 0;
        for (int row = 0; row < sub.rows(); row++)
            for (int col = 0; col < sub.cols(); col++) {
                int[] d = new int[3];
                sub.get(row, col, d);
                if (isBlue(d[0], d[1], d[2])) {
                    count++;
                }
            }
        return (double) count / sub.total();
}

public static void checkChips(Mat src) {
    //3 个芯片的标准位置
    Rect chip1 = new Rect(0, 102, 110, 58);
    Rect chip2 = new Rect(250, 102, 130, 58);
    Rect chip3 = new Rect(565, 58, 55, 150);

    //检测 3 个芯片位置处蓝色像素的比例
    double rate1 = blueRate(src, chip1);
    double rate2 = blueRate(src, chip2);
    double rate3 = blueRate(src, chip3);

    //输出检测结果
    NumberFormat nf = NumberFormat.getPercentInstance();
    System.out.println("芯片 1 蓝色像素比率=" + nf.format(rate1));
    System.out.println("芯片 2 蓝色像素比率=" + nf.format(rate2));
    System.out.println("芯片 3 蓝色像素比率=" + nf.format(rate3));

    if (rate1 > 0.5) {
        System.out.println("芯片 1 未安装");
    } else {
```

```java
        System.out.println("芯片 1 已安装");
    }

    if (rate2 > 0.5) {
        System.out.println("芯片 2 未安装");
    } else {
        System.out.println("芯片 2 已安装");
    }

    if (rate3 > 0.5) {
        System.out.println("芯片 3 未安装");
    } else {
        System.out.println("芯片 3 已安装");
    }
}

public static void checkParts(Mat src) {
    width = src.width();
    height = src.height();

    //Canny 边缘检测及霍夫圆检测
    Mat canny = runCanny(src);
    int[][] circle = getCircles(canny);
    drawCircles(src, circle);

    //测试四角圆孔的位置
    int[] pt = findFour(canny, circle);
    if (pt[0]<0) {
        System.out.println("定位失败,需检查后重试! ");
        System.exit(0);
    }

    //输出圆孔坐标
    System.out.println("圆孔坐标如下: ");
    System.out.println(Arrays.toString(pt));
    System.out.println();

    //根据圆孔坐标进行透视变换并显示
    Mat matrix = perspMatrix(pt, holeWidth, holeHeight);
    Mat persp = new Mat();
    Size size = new Size(holeWidth, holeHeight);
    Imgproc.warpPerspective(src, persp, matrix, size);
    HighGui.imshow("Perspective", persp);
```

```
        HighGui.waitKey(0);

        //检查 3 个芯片是否安装并显示检测结果
        checkChips(persp);
    }

}
```

程序运行后控制台将输出如图 11-7 所示的信息。

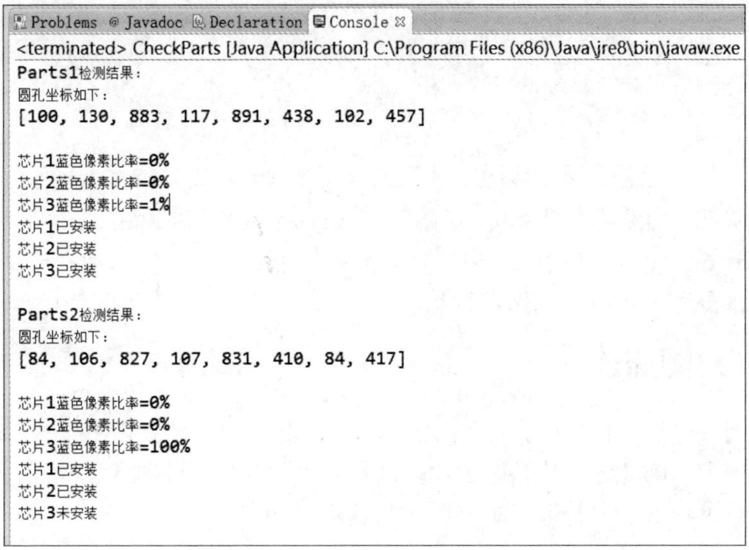

图 11-7 控制台输出结果

第 12 章

银行卡卡号识别

12.1 概述

随着电子支付的迅速发展，移动支付已经成为主流，购物、转账、充值等众多业务均可通过手机支付实现。当然，手机支付的前提是将银行卡号与相关账号进行绑定。手工输入银行卡号速度慢且容易出错，目前已有不少 App 提供了自动识别银行卡号的功能。本案例将介绍如何从一张银行卡的图像中识别卡号。

12.1.1 案例描述

本案例使用一张国内银行卡，如图 12-1 所示。银行卡的卡号共 16 位，每 4 位为一段，段与段之间有较大的间隙。卡片是倾斜的，但卡号中的数字大小基本一致，没有变形。出于保护隐私考虑，银行卡的卡号经过处理，如有雷同纯属巧合。

图 12-1 用于识别的银行卡

12.1.2 案例分析

这张银行卡是倾斜的，用传统方法提取卡片的轮廓并不容易，即使使用精度较高的 Canny 算法进行边缘检测，卡片的轮廓也并不完整，如图 12-2 所示。由于卡片底色为红色，通过颜色提取轮廓不失为一个好办法，虽然这样做效率并不高。

图 12-2　Canny 边缘检测后的银行卡轮廓

其实，此案例无须提取银行卡的轮廓，可以直接提取卡号区域的图像。如前所述，卡号共 16 位，分为 4 段，每段 4 个数字，段与段之间有明显的空隙，根据这些特征完全可以识别出卡号区域。

由于卡片中的数字较粗，Canny 检测结果会出现内外两层轮廓，因此通过闭运算将两个轮廓融为一体能够大大改善识别效果。

卡号区域分离出来以后，只要将其分割成 4 段，每段再分割成 4 个数字分别进行识别即可。由于银行卡的数字都是标准字体，因此，用模板匹配即可进行卡号识别。

12.2　总体设计

12.2.1　系统需求

本案例只需 OpenCV，不需要任何第三方库。

12.2.2　总体思路及流程

根据上述分析，本案例的总体流程如下：

（1）Canny 边缘检测。

（2）闭运算填充间隙。

（3）获取卡号区域顶点的位置。

（4）将卡号区域分割成 4 段。

（5）将每段分割成 4 个数字。

（6）用模板匹配识别每个数字。

（7）将识别结果组合成卡号。

12.3　银行卡卡号识别的实现

12.3.1　边缘检测

为了生成较高质量的轮廓边缘，需要用 Canny 算法进行边缘检测，程序中用 runCanny()
函数实现。Canny 边缘检测的结果如图 12-2 所示。

12.3.2　闭运算

由于边缘检测结果中的数字存在双层轮廓的情况，为了避免影响后续识别需要通过闭运
算将它们连成一体。程序中通过 morphClose()函数进行闭运算。

闭运算的结果如图 12-3 所示。经过闭运算以后，不但数字的内外轮廓连成一体，甚至
一段内的 4 个数字都连成一体了。好在 4 个段之间仍然是分开的，而且它们大小相仿、间隔
相近，这是一种比较明显的特征，可以利用此特征识别出卡号区域。

图 12-3　闭运算的结果

12.3.3　最小外接矩形

由于卡号中每段都连成一体，只要获取它们的最小外接矩形就可以得到 4 个大小相仿的
色块。程序中用 minRect()函数求取轮廓的最小外接矩形，然后对其大小进行初步筛选，筛
选后仅保留少数几个最小外接矩形，如图 12-4 所示。

图 12-4　筛选后的最小外接矩形

12.3.4　卡号区域

下一步需要判断哪些外接矩形属于卡号区域，判断基于 4 个数字段之间距离大致相等的假设，如图 12-5 所示。

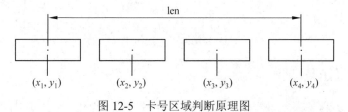

图 12-5　卡号区域判断原理图

假设 4 个数字段的中心点坐标分别为(x_1, y_1)、(x_2, y_2)、(x_3, y_3)和(x_4, y_4)，最外侧两点间的距离为 len，那么点(x_2, y_2)和点(x_3, y_3)应该分别位于 1/3 和 2/3 处，当然应该允许略有误差。

程序中用 fourCenters()函数完成上述判断，该函数的声明行如下：

```
public static int[] fourCenters(int[][] contourId, int n1, int n4)
```

参数中的 contourId 即 minRect()函数返回的数组，该数组的第 1 个元素为 findContours()函数提取的轮廓的编号，参数 n1 和 n4 也是此轮廓号。该函数返回的是一个有 5 个元素的数组，其中第 1 个元素代表有效数据个数，后面 4 个元素则是 4 个数字段的轮廓号。代码的最后还对这 4 个数字段中心点的 x 坐标进行了排序。

12.3.5　顶点位置

下一步是根据轮廓号获取相应数字段外接矩形的 4 个顶点，该部分代码见 fourPoints()函数。

12.3.6　透视变换

有了这 4 个顶点的坐标，就可以对数字段的图像进行透视变换了，实现此功能的是
perspTransform()函数，该函数的声明行如下：

```
public static Mat perspTransform(Mat src, Mat pts)
```

其中，参数 pts 即 12.3.5 节中 fourPoints()函数的返回值，可以用 Mat 类的 get()方法取出其中
的值，然后将数组转换成 4 个点的点集。根据 boxPoints()函数返回的顶点坐标无法分辨长边
和短边，因此需要根据顶点间的距离判断。该函数的后半段是标准的透视变换函数。

12.3.7　二值化

透视变换时使用的输入图像是原始的彩色图像，最后的结果也是彩色的，在进行模板匹
配前需要将此图像二值化。二值化通过 makeBinary()函数实现，结果如图 12-6 所示。此处没
有使用 Canny 算法是因为 Canny 算法的结果是中空的轮廓线，而模板匹配时需要数字是实
心的，threshold()函数可以满足此要求。

图 12-6　二值化结果

12.3.8　数字识别

接下来就可以识别其中的数字了。由于卡号中每个数字的间距相等，因此将总宽度除以
4 就可以得到每个字符的宽度，然后利用模板匹配就可以识别出卡号。为了读取方便，10 个
数字的模板被放在一张图片中，分辨率为 200×21，每个数字的宽度都是 20 像素，这样根
据模板匹配后的 x 坐标就能计算出匹配的是哪一个数字。放大后的模板图像如图 12-7 所示。

0123456789

图 12-7　放大后的模板图像

模板匹配部分的代码见 matchTemplate()函数。这是一个标准的模板匹配函数，代码中的
点 pt 即最佳匹配位置的坐标，据此可以直接计算出其代表的是哪个数字。

12.4　完整代码

最后，给出本案例的完整代码：

```java
//第12章/BankCard.java

import java.util.ArrayList;
import java.util.List;

import org.opencv.core.*;
import org.opencv.highgui.HighGui;
import org.opencv.imgcodecs.Imgcodecs;
import org.opencv.imgproc.Imgproc;

public class BankCard {

    public static void main(String[] args) {
        System.loadLibrary(Core.NATIVE_LIBRARY_NAME);

        //读取银行卡图像和数字模板
        Mat src = Imgcodecs.imread("Card1.png");
        Mat numbers = Imgcodecs.imread("Cardnums.png",Imgcodecs.IMREAD_GRAYSCALE);

        //银行卡Canny边缘检测并进行闭运算
        Mat canny = runCanny(src);
        Mat morph = morphClose(canny, 2);

        //获取轮廓
        List<MatOfPoint> contour = new ArrayList<MatOfPoint>();
        Imgproc.findContours(morph, contour, new Mat(), Imgproc.RETR_TREE,
Imgproc.CHAIN_APPROX_SIMPLE);

        //获取符合条件的最小外接矩形信息
        int[][] contourId = minRect(contour);

        //搜索是否存在符合银行卡号特征的4个中心点
        int count = contourId[0][0];
        int[] id = new int[5];
        loop: for (int i = 1; i < count; i++) {
            for (int j = i + 1; j < count + 1; j++) {
                id = fourCenters(contourId, i, j);
                if (id[0] == 4)
                    break loop;
            }
        }

        //不符合条件的情况
```

```java
        if (id[0] == 0) {
            System.out.println("输入图像不符合条件,需检查后重试! ");
            System.exit(0);
        }

        //符合条件的情况
        for (int i = 1; i < 5; i++) {
            int n = id[i];
            MatOfPoint2f box = new MatOfPoint2f();

            //提取最小外接矩形的 4 个顶点并进行透视变换
            contour.get(n).convertTo(box, CvType.CV_32F);
            Mat pts = fourPoints(box);
            Mat block = perspTransform(src, pts);

            //转换成二值图像并显示
            Mat binary = makeBinary(block);
            HighGui.imshow("binary", binary);
            HighGui.waitKey(0);

            //分割成 4 个子图像并逐一进行模板匹配
            for (int j = 0; j < 4; j++) {
                Mat roi = binary.submat(0, 19, j * 13, j * 13 + 12);
                Mat sub = new Mat();
                roi.copyTo(sub);
                int num = matchTemplate(numbers, sub);
                System.out.print(num);
            }
            System.out.print(" ");
        }

        System.exit(0);

    }

    public static Mat runCanny(Mat src) {
        //对图像进行边缘检测
        Mat gray = new Mat();
        Mat canny = new Mat();
        Imgproc.cvtColor(src, gray, Imgproc.COLOR_BGR2GRAY);
        Imgproc.Canny(gray, canny, 80, 200, 3, false);

        //显示检测结果
```

```java
        HighGui.imshow("Canny", canny);
        HighGui.waitKey(0);
        return canny;
    }

    public static Mat morphClose(Mat canny, int times) {
        //对图像进行闭运算
        Mat morph = new Mat();
        Point anchor = new Point(-1, -1);
        Imgproc.morphologyEx(canny, morph, Imgproc.MORPH_CLOSE, new Mat(),
anchor, times);

        //显示闭运算结果
        HighGui.imshow("morph", morph);
        HighGui.waitKey(0);
        return morph;
    }

    public static int[][] minRect(List<MatOfPoint> contour) {
        //获取各轮廓的最小外接矩形并进行筛选
        int total = contour.size();
        MatOfPoint2f dst = new MatOfPoint2f();
        int[][] contourId = new int[total + 1][3];

        int count = 0;
        for (int n = 0; n < total; n++) {
            //获取轮廓的最小外接矩形
            contour.get(n).convertTo(dst, CvType.CV_32F);
            RotatedRect rect = Imgproc.minAreaRect(dst);

            //比较最小外接矩形的宽和高
            double w = rect.size.width;
            double h = rect.size.height;
            if (w < h) {
                double tmp = w;
                w = h;
                h = tmp;
            }

            //太小的及长宽比不符合条件的最小外接矩形予以排除
            if ((w < 50) || (h < 10))
                continue;
            if ((w / h > 3.5) || (w / h < 2.5))
```

```
            continue;

        //返回轮廓编号及最小外接矩形的中心坐标
        count++;
        contourId[count][0] = n; //轮廓编号
        contourId[count][1] = (int) rect.center.x;
        contourId[count][2] = (int) rect.center.y;
    }
    contourId[0][0] = count;
    return contourId;
}

public static int centerId(int[][] contourId, int x0, int y0) {
    //判断点(x0,y0)与哪个最小外接矩形的中心靠近
    int threshold = 3;
    for (int n = 1; n <= contourId[0][0]; n++) {
        int x = contourId[n][1];
        int y = contourId[n][2];
        if ((Math.abs(x - x0) < threshold) && (Math.abs(y - y0) < threshold))
            return contourId[n][0];
    }
    return -1; //如果返回-1,则表示与所有最小外接矩形都不接近
}

public static int[] fourCenters(int[][] contourId, int n1, int n4) {
    //求解中间两个中心点的坐标
    int x1 = contourId[n1][1];
    int y1 = contourId[n1][2];
    int x4 = contourId[n4][1];
    int y4 = contourId[n4][2];
    int x2 = (int) ((x4 - x1) / 3.0 + x1);
    int x3 = (int) ((x4 - x1) / 3.0 * 2.0 + x1);
    int y2 = (int) ((y4 - y1) / 3.0 + y1);
    int y3 = (int) ((y4 - y1) / 3.0 * 2.0 + y1);

    //查找这两个点附近是否有最小外接矩形
    int[] id = new int[5];
    int id2 = centerId(contourId, x2, y2);
    int id3 = centerId(contourId, x3, y3);
    if ((id2 == -1) || (id3 == -1)) {
        id[0] = 0;
        return id;
    }
```

```java
    //如果存在,则按 x 坐标排序
    id[0] = 4;  //有效数据个数
    if (x1 > x4) {
        id[1] = contourId[n4][0];
        id[2] = id3;
        id[3] = id2;
        id[4] = contourId[n1][0];
    } else {
        id[1] = contourId[n1][0];
        id[2] = id2;
        id[3] = id3;
        id[4] = contourId[n4][0];
    }
    return id;

}


public static Mat fourPoints(MatOfPoint2f cont) {
    //获取最小外接矩形的 4 个顶点
    RotatedRect rect = Imgproc.minAreaRect(cont);
    Mat pts = new Mat();
    Imgproc.boxPoints(rect, pts);
    return pts;
}

public static Mat perspTransform(Mat src, Mat pts) {
    //定义原图像中 4 个点的坐标
    float[] p = new float[8];
    pts.get(0, 0, p);
    Point[] pt1 = new Point[4];
    pt1[0] = new Point(p[0], p[1]);
    pt1[1] = new Point(p[2], p[3]);
    pt1[2] = new Point(p[4], p[5]);
    pt1[3] = new Point(p[6], p[7]);

    //比较两条线的长短
    double len1 = (p[2] - p[0]) * (p[2] - p[0]) + (p[3] - p[1])* (p[3] -
p[1]);
    double len2 = (p[2] - p[4]) * (p[2] - p[4]) + (p[3] - p[5])* (p[3] -
p[5]);

    //定义目标图像中 4 个点的坐标
```

```
        int w = 52;              //宽度
        int h = 20;              //高度
        Point[] pt2 = new Point[4];
        if (len1 > len2) {
            pt2[0] = new Point(0, 0);
            pt2[1] = new Point(w, 0);
            pt2[2] = new Point(w, h);
            pt2[3] = new Point(0, h);
        } else {
            pt2[0] = new Point(0, h);
            pt2[1] = new Point(0, 0);
            pt2[2] = new Point(w, 0);
            pt2[3] = new Point(w, h);
        }

        //透视变换
        MatOfPoint2f mop1 = new MatOfPoint2f(pt1);
        MatOfPoint2f mop2 = new MatOfPoint2f(pt2);
        Mat m = new Mat();
        Mat matrix = Imgproc.getPerspectiveTransform(mop1, mop2);
        Imgproc.warpPerspective(src, m, matrix, new Size(w, h));

        return m;
    }

    public static Mat makeBinary(Mat src) {
        //将图像转换成二值图
        Mat gray = new Mat();
        Imgproc.cvtColor(src, gray, Imgproc.COLOR_BGR2GRAY);
        Mat binary = new Mat();
        Imgproc.threshold(gray, binary, 150, 255, Imgproc.THRESH_BINARY);
        return binary;
    }

    public static int matchTemplate(Mat src, Mat template) {
        //模板匹配
        Mat result = new Mat();
        Imgproc.matchTemplate(src, template, result, Imgproc.TM_CCOEFF);

        //取出最大值的位置（TM_CCOEFF 模式用最大值）
        Core.MinMaxLocResult mmr = Core.minMaxLoc(result);
        Point pt = mmr.maxLoc;
```

```
        int n = (int) pt.x / 20;
        return n;
    }


}
```

程序运行后，控制台将输出识别出的卡号，如图 12-8 所示。

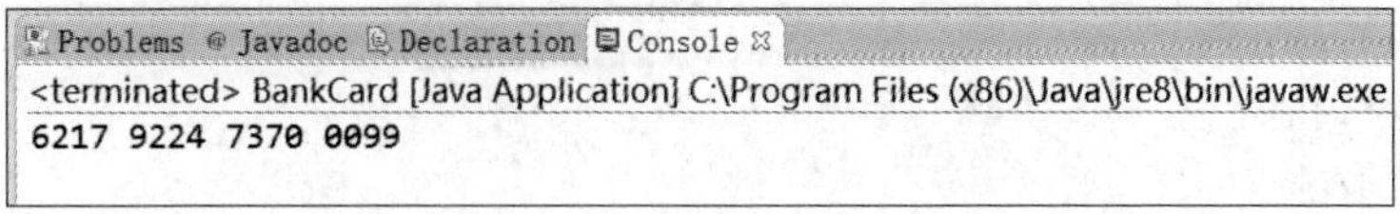

```
Problems @ Javadoc Declaration Console ✖
<terminated> BankCard [Java Application] C:\Program Files (x86)\Java\jre8\bin\javaw.exe
6217 9224 7370 0099
```

图 12-8　控制台输出识别出的卡号

第 13 章

全 景 拼 接

全景模式已经成为相机和手机中的一个标配，采用全景模式拍摄的照片比普通照片的画面要宽广得多。全景照片实际上是由多张照片合成的，可以用 OpenCV 来模拟全景拼接的过程。本案例将介绍全景拼接的原理并用代码实现。

13.1 概述

在全景模式下拍摄时，相机或手机会采用相同的曝光值以保证衔接处过渡自然，而手工拼接的全景照片则多少会有些色差。为了展示全景照片合成的全过程，本案例采用了两张拍摄的照片，如图 13-1 所示。为了便于说明，下文中将两张照片称为"左侧图"和"右侧图"。由于照片是分开拍摄且自动曝光的，因此两张照片会有一些色差。此色差在现阶段并不明显，但在拼接后会凸显出来。

（a）左侧图

图 13-1 用于全景拼接的两张照片

（b）右侧图

图 13-1（续）

13.2　全景拼接的原理

简单来讲，全景拼接就是将某一张图像进行透视变换后与另一张图像进行"缝合"的过程，因此，两张图像必须具有一个共同的区域，否则缝合无从谈起。由于两张照片拍摄的角度不同，因此共同区域的图像会存在扭曲变形的情况，即使经过旋转等处理，缝合处仍然是无法正常衔接的，如图 13-2 所示。图中将左侧图进行了旋转并尽力拼接，但接缝处仍然有着较大差异，如此的效果自然是不让人满意的。

图 13-2　手工拼接结果

为了解决这个问题，需要先将其中一张图像进行透视变换后再进行缝合，其中的难点是如何计算变换矩阵。由于两张图像有一个共同区域，因此对它们进行特征点检测后会有一些匹配的特征点，根据这些匹配点可以计算出一个单应矩阵，这就是透视变换的变换矩阵。

用 OpenCV 拼接全景照片的步骤大致如下：

（1）寻找两张图像中的关键点。

（2）特征点匹配。

（3）求得单应矩阵。

（4）对其中一张图像进行透视变换。

（5）对两张图像进行拼接。

（6）裁剪等后续处理。

下面就分步进行介绍。

13.3　全景拼接的实现

13.3.1　特征点检测

特征点指的是灰度值发生剧烈变化的点或者图像边缘上曲率较大的点。角点的概念与特征点大致相同，但是特征点一般具有能够唯一描述像素特征的描述子，而角点则没有。

Harris 算法和 Shi-Tomasi 算法是较为常用的角点检测方法，它们的处理速度都比较快且具有旋转不变性，但不具备尺度不变性。SIFT 算法则同时具有旋转不变性和尺度不变性，因此本案例将用 SIFT 算法进行特征点检测。

SIFT 算法是 David Lowe 于 1999 年提出的特征点检测算法，其原理较为复杂，但是经过 OpenCV 封装后使用起来非常简单，程序中用 SIFT 算法进行特征点检测的代码如下：

```
SIFT sift = SIFT.create(500);  //最多 500 个特征点
MatOfKeyPoint kp1 = new MatOfKeyPoint();
MatOfKeyPoint kp2 = new MatOfKeyPoint();
Mat des1 = new Mat();
Mat des2 = new Mat();
sift.detectAndCompute(img1, new Mat(), kp1, des1);
sift.detectAndCompute(img2, new Mat(), kp2, des2);
```

该段代码是 getHomography()函数的一部分，代码的第 1 行将特征点数量的上限设为 500，这样有利于提高处理效率。接下来用 detectAndCompute()函数对两张图像分别进行特征点检测，提取的特征点分别保存在 kp1 和 kp2 中。

13.3.2　特征点匹配

分别提取左侧图和右侧图的特征点是为了进行特征点匹配，OpenCV 中的特征点匹配算法主要有暴力匹配和 FLANN 匹配两种。

暴力匹配原理简单但比较费时。当遇到大型数据集时，FLANN 匹配的效果要好于暴力匹配，在本案例中将使用 FLANN 匹配算法，相关代码如下：

```
//FLANN 匹配
DescriptorMatcher matcher = DescriptorMatcher
        .create(DescriptorMatcher.FLANNBASED);
List<MatOfDMatch> km = new ArrayList<MatOfDMatch>();
matcher.knnMatch(des1, des2, km, 2);

//用 Lowe 比率测试筛选匹配项
float ratio = 0.75f;
List<DMatch> GoodOnes = new ArrayList<DMatch>();
for (int i = 0; i < km.size(); i++) {
    if (km.get(i).rows() > 1) {
        DMatch[] matches = km.get(i).toArray();
        if (matches[0].distance < ratio * matches[1].distance) {
            GoodOnes.add(matches[0]);
        }
    }
}
```

该段代码也是 getHomography()函数的一部分。FLANN 匹配算法先创建一个 DescriptorMatcher 对象，其中的参数 DescriptorMatcher.FLANNBASED 代表 FLANN 匹配算法，接下来调用 knnMatch()方法进行匹配。为了获得较佳的匹配点，需要用一个阈值对匹配结果进行筛选，此处设为 0.75。

特征点匹配的结果可以用 Features2d.drawMatches()函数绘制出来，结果如图 13-3 所示。图中直线连接的是匹配的特征点对，不难发现有的特征点匹配是错误的。

图 13-3　特征点匹配结果

13.3.3　单应矩阵

由于 FLANN 匹配的效果不够理想，程序中用 RANSAC 算法进行再次筛选。RANSAC

是随机采样一致性（Random Sample Consensus）的缩写，该算法假设匹配的数据间存在一定的规律，算法利用匹配点计算两个图像之间的单应矩阵，然后用重投影误差来判定匹配是否正确。该部分代码也包含在 findHomography()函数中，最后返回的矩阵 matrix 就是两张图像之间的单应矩阵。

根据这个单应矩阵可以计算出左侧图的 4 个顶点在右侧图中的位置，程序中用 perspCorners()函数实现此功能。该函数调用了 OpenCV 的 perspectiveTransform()函数进行透视变换，此函数与其他案例中采用的 warpPerspective()函数的不同之处在于此函数的输入和输出不是图像，而是点集，perspCorners()函数最后输出的结果是 4 个顶点在右侧图中的对应坐标，如图 13-4 所示。坐标中有一些值是负数，表示相应点在右侧图的外部。

```
🔧 Problems  @ Javadoc  🔍 Declaration  🖥 Console ✕
<terminated> Panorama [Java Application] C:\Program Files (x86)\Java\jre8\bin\javaw.exe
[-583.24042, -173.58936;
 533.38385, 45.128365;
 525.35535, 476.09238;
 -568.76917, 462.49911]
```

图 13-4　透视变换后的顶点坐标

这些点可以在特征点匹配图上绘制出来，drawCorners()函数实现了这一功能，绘制的结果如图 13-5 所示，图中的方框就是左侧图进行透视变换后在右侧图中的位置。

图 13-5　左侧图经透视变换后在右侧图中的位置

13.3.4　透视变换

接下来要对其中一张图像进行透视变换后与另一张进行缝合，在本案例中对左侧图进行了透视变换，代码见 perspTransform()函数。透视变换后的左侧图如图 13-6 所示，为了便于拼接，程序中截去了与右侧图重合的区域。

13.3.5　拼接

接下来将透视变换后的左侧图与右侧图拼接就能形成全景图的雏形，程序中用 concat()

图 13-6 透视变换后的左侧图

函数实现这个功能。该函数调用了 OpenCV 的 hconcat()函数进行水平拼接,该函数的原型如下:

```
void Core.hconcat(List<Mat> src, Mat dst)
函数用途:对给定的矩阵进行水平拼接。
```

【参数说明】
(1) src:输入矩阵或矩阵向量,所有的矩阵必须具有相同的行数和相同的深度。
(2) dst:输出矩阵,和 src 具有相同的行数和深度,列数等于 src 列数之和。

调用该函数需要保证用于拼接的两张图像等高,并且深度相同,否则会出错。除了可以进行水平拼接外,还可以对图像进行垂直拼接,相应的函数是 vconcat()函数,此函数要求用于拼接的图像等宽且深度相同。

水平拼接后的图像如图 13-7 所示。

图 13-7 水平拼接后的图像

仔细观察拼接后的图像可以发现,拼缝处线条的衔接比较理想,但是两侧的颜色有所不同,这是由两张照片的曝光差异造成的。

13.3.6　裁剪

上述拼接后的图像呈不规则状，部分区域呈黑色，因为已经没有图像信息了。为了使图像美观，需要对图像进行裁剪，程序中用 cut()函数完成此任务。裁剪后的全景图像如图 13-8 所示。

图 13-8　剪裁后的全景图像

13.4　完整代码

最后，给出本案例的完整代码：

```java
//第13章/Panorama.java

import java.util.*;

import org.opencv.calib3d.Calib3d;
import org.opencv.core.*;
import org.opencv.features2d.*;
import org.opencv.highgui.HighGui;
import org.opencv.imgcodecs.Imgcodecs;
import org.opencv.imgproc.Imgproc;

public class Panorama {

    public static void main(String[] args) {
        System.loadLibrary(Core.NATIVE_LIBRARY_NAME);

        //读取两幅图像并获取单应矩阵
        Mat img1 = Imgcodecs.imread("Pano1.png");
```

```
    Mat img2 = Imgcodecs.imread("Pano2.png");
    Mat dst = new Mat();
    Mat homo = getHomography(img1, img2, dst);

    //绘制 img1 透视变换后的形状
    int width = img1.width();
    int height = img1.height();
    float[] pt = perspCorners(width, height, homo);
    drawCorners(dst, width, pt);

    //透视变换后拼接并裁剪掉黑色部分
    Mat img = perspTransform(img1, pt);
    img = concat(img, img2);
    cut(img, pt, img1.width(), img2.width());

    System.exit(0);
}

public static Mat getHomography(Mat img1, Mat img2, Mat dst) {
    //用 SIFT 算法检测图像中的关键点
    SIFT sift = SIFT.create(500);
    MatOfKeyPoint kp1 = new MatOfKeyPoint();
    MatOfKeyPoint kp2 = new MatOfKeyPoint();
    Mat des1 = new Mat();
    Mat des2 = new Mat();
    sift.detectAndCompute(img1, new Mat(), kp1, des1);
    sift.detectAndCompute(img2, new Mat(), kp2, des2);

    //FLANN 匹配
    DescriptorMatcher matcher = DescriptorMatcher
            .create(DescriptorMatcher.FLANNBASED);
    List<MatOfDMatch> km = new ArrayList<MatOfDMatch>();
    matcher.knnMatch(des1, des2, km, 2);

    //用 Lowe 比率测试筛选匹配项
    float ratio = 0.75f;
    List<DMatch> GoodOnes = new ArrayList<DMatch>();
    for (int i = 0; i < km.size(); i++) {
        if (km.get(i).rows() > 1) {
            DMatch[] matches = km.get(i).toArray();
            if (matches[0].distance < ratio * matches[1].distance) {
                GoodOnes.add(matches[0]);
            }
```

```
        }
    }

    //绘制匹配项
    MatOfDMatch goodMat = new MatOfDMatch();
    goodMat.fromList(GoodOnes);
    Features2d.drawMatches(img1, kp1, img2, kp2, goodMat, dst,
            Scalar.all(-1), Scalar.all(-1), new MatOfByte());
    HighGui.imshow("Matches", dst);
    HighGui.waitKey(0);

    //获取匹配的特征点
    List<Point> pt1 = new ArrayList<Point>();
    List<Point> pt2 = new ArrayList<Point>();
    List<KeyPoint> kpList1 = kp1.toList();
    List<KeyPoint> kpList2 = kp2.toList();
    for (int i = 0; i < GoodOnes.size(); i++) {
        pt1.add(kpList1.get(GoodOnes.get(i).queryIdx).pt);
        pt2.add(kpList2.get(GoodOnes.get(i).trainIdx).pt);
    }

    //用 RANSAC 算法获取单应矩阵
    MatOfPoint2f Mat1 = new MatOfPoint2f();
    MatOfPoint2f Mat2 = new MatOfPoint2f();
    Mat1.fromList(pt1);
    Mat2.fromList(pt2);
    Mat matrix = Calib3d.findHomography(Mat1, Mat2, Calib3d.RANSAC, 3.0);

    return matrix;
}

public static float[] perspCorners(int width, int height, Mat homo) {
    //img1 的 4 个顶点
    Mat Corners1 = new Mat(4, 1, CvType.CV_32FC2);
    float[] f = new float[8];
    f[0] = 0;
    f[1] = 0;
    f[2] = width;
    f[3] = 0;
    f[4] = width;
    f[5] = height;
    f[6] = 0;
    f[7] = height;
```

```
        Corners1.put(0, 0, f);

        //img2 中的对应点
        Mat Corners2 = new Mat();
        Core.perspectiveTransform(Corners1, Corners2, homo);
        float[] data = new float[8];
        Corners2.get(0, 0, data);
        System.out.println(Corners2.dump());

        return data;
    }

public static void drawCorners(Mat img, int widImg1, float[] pt) {
        //绘制 img1 在 img2 中的对应位置
        Scalar color = new Scalar(255, 0, 0);
        Point p1 = new Point(pt[0] + widImg1, pt[1]);
        Point p2 = new Point(pt[2] + widImg1, pt[3]);
        Point p3 = new Point(pt[4] + widImg1, pt[5]);
        Point p4 = new Point(pt[6] + widImg1, pt[7]);

        Imgproc.line(img, p1, p2, color, 4);
        Imgproc.line(img, p2, p3, color, 4);
        Imgproc.line(img, p3, p4, color, 4);
        Imgproc.line(img, p4, p1, color, 4);

        HighGui.imshow("lines", img);
        HighGui.waitKey(0);
    }

public static Mat perspTransform(Mat img1, float[] pt) {
        int width = img1.width();
        int height = img1.height();

        //原图像的 4 个顶点
        Point[] p1 = new Point[4];
        p1[0] = new Point(0, 0);
        p1[1] = new Point(width, 0);
        p1[2] = new Point(width, height);
        p1[3] = new Point(0, height);

        //目标图像中 4 个对应点
        Point[] p2 = new Point[4];
        p2[0] = new Point(pt[0] + width, pt[1]);
```

```java
        p2[1] = new Point(pt[2] + width, pt[3]);
        p2[2] = new Point(pt[4] + width, pt[5]);
        p2[3] = new Point(pt[6] + width, pt[7]);
        MatOfPoint2f mop1 = new MatOfPoint2f(p1);
        MatOfPoint2f mop2 = new MatOfPoint2f(p2);

        //重新计算转换矩阵并进行透视变换
        Mat img = now Mat();
        Mat matrix = Imgproc.getPerspectiveTransform(mop1, mop2);
        Imgproc.warpPerspective(img1, img, matrix, img1.size());

        return img;
    }

    public static Mat concat(Mat img1, Mat img2) {
        //对两张图像进行水平拼接
        List<Mat> mat1 = new ArrayList<Mat>();
        mat1.add(img1);
        mat1.add(img2);
        Mat img = new Mat();
        Core.hconcat(mat1, img);

        //在屏幕上显示拼接后的图像
        HighGui.imshow("concat", img);
        HighGui.waitKey(0);
        return img;
    }

    public static void cut(Mat img, float[] pt, int width1, int width2) {
        //计算 x 方向和 y 方向的边界
        int x = (int) Math.max(pt[0], pt[6]);
        int y = (int) Math.min(pt[5], pt[7]);

        //生成全景图像并在屏幕上显示
        Mat roi = img.submat(0, y, width1 + x, width1 + width2);
        Mat sub = new Mat();
        roi.copyTo(sub);
        HighGui.imshow("Panorama", sub);
        HighGui.waitKey(0);

    }

}
```

第 14 章

二维码识别

14.1 二维码简介

近年来,二维码在国内得到广泛应用,从购物到支付,从社交到出行,二维码如影随形、无处不在。

二维码是相对一维码而言的,一维码其实就是我们熟知的条形码。条形码之所以被称为"一维码",是因为它只能在水平方向上表达信息,条形码的高度仅仅是为读取条码方便而设,并不能表达信息,而二维码则可以在水平和垂直两个方向表达信息,因而存储的信息量更大。

二维码有多种码制,其中最常见的是 QR Code。QR 是 Quick Response 的缩写,意为"快速反应",1994 年诞生于日本。二维码一般呈方形,在其角上有 3 个用于定位的"回"字形图案,如图 14-1 所示。

图 14-1　QR 二维码样例

14.2 OpenCV 中的二维码函数

OpenCV 4.0 新增了 QR 二维码识别功能,相关功能归集在 QRCodeDetector 类中,其中最常用的是用于定位的 detect()函数和用于解码的 decode()函数。

用于定位的 QRCodeDetector.detect()函数的原型如下:

```
boolean QRCodeDetector.detect(Mat img, Mat points)
```
函数用途:检测图像中是否存在 QR 二维码,如果有,则返回二维码 4 个顶点的坐标。

【参数说明】

(1) img:待检测的灰度或彩色图像。

(2) points：包含 QR 二维码最小区域矩形的 4 个顶点的坐标。

(3) 返回值：如果图像中检测到 QR 二维码，则返回值为 true，否则返回值为 false

用于解码的 **QRCodeDetector.decode()**函数的原型如下：

```
String QRCodeDetector.decode(Mat img, Mat points)
函数用途：解码图像中的 QR 二维码信息。
```

【参数说明】

(1) img：待检测的灰度或彩色图像。

(2) points：detect()函数检测到的顶点坐标。

上述两个函数也可合并成 **QRCodeDetector. detectAndDecode ()**函数，该函数的原型如下：

```
String QRCodeDetector.detectAndDecode(Mat img)
函数用途：定位并解码图像中的 QR 二维码。
```

【参数说明】

img：待检测的灰度或彩色图像。

14.3 二维码识别案例

下面就以一个案例来说明二维码识别的具体过程，代码如下：

```java
//第14章/DetectQRcode.java

import org.opencv.core.Core;
import org.opencv.core.Mat;
import org.opencv.highgui.HighGui;
import org.opencv.imgcodecs.Imgcodecs;
import org.opencv.imgproc.Imgproc;
import org.opencv.objdetect.QRCodeDetector;

public class DetectQRcode {

    public static void main(String[] args) {
        System.loadLibrary(Core.NATIVE_LIBRARY_NAME);

        //读取包含二维码的图像并在屏幕上显示
        Mat src = Imgcodecs.imread("QRcode1.png");
        HighGui.imshow("binary", src);
        HighGui.waitKey(0);

        //定位并解码二维码图像
```

```
Mat points = new Mat();
QRCodeDetector detector = new QRCodeDetector();
boolean isQr = detector.detect(src, points);
String s = detector.detectAndDecode(src);

//输出检测结果
System.out.println("是否包括QR二维码: " + isQr);
System.out.println("二维码顶点坐标: " + points.dump());
System.out.println("二维码信息如下: " + s);

System.exit(0);
    }

}
```

　　程序运行后，屏幕上将显示如图 14-2（a）所示的图像，这就是用于识别的二维码，随后，控制台将输出如图 14-2（b）所示的识别结果。除了输出了二维码顶点的坐标以外，控制台还输出了二维码中的信息内容。

（a）用于识别的二维码

```
Problems  @ Javadoc  Declaration  Console ⊠
<terminated> DetectQRcode [Java Application] C:\Program Files (x86)\Java\jre8\bin\javaw.exe
是否包括QR二维码: true
二维码顶点坐标: [17, 17, 221, 17, 221, 221, 17, 221]
二维码信息如下: https://www.wqyunpan.com/preview.html?id=311995
```

（b）控制台输出的结果

图 14-2　程序运行的结果

　　事实上，用于检测的二维码并不要求如图 14-2（a）这般方正，即使是倾斜的图像也照样能够用上述代码进行识别，不需要进行特殊处理。如果将程序中的图像换成如图 14-3 所示的图像（二维码内容同图 14-2（a）），则程序仍然能够识别并解码图像中的信息。

图 14-3　倾斜的二维码

机 器 学 习

OpenCV 中有一个 ML（机器学习）模块，里面包括了以下几种机器学习算法：

（1）贝叶斯分类（Normal Bayes Classifier，NBC）。

（2）K-近邻（K-Nearest Neighbours，K-NN）

（3）支持向量机（Support Vector Machine，SVM）。

（4）决策树（Decision Tree，DT）。

（5）随机森林（Random Forest，RF）。

（6）提升树（Boosted Tree Classifier，BTC）。

（7）人工神经网络（Artificial Neural Networks，ANN）。

（8）EM 算法（Expectation Maximization Algorithm，EMA）。

机器学习是人工智能的一个重要分支，自 20 世纪 80 年代以来蓬勃发展，而深度学习则是机器学习领域中的一个新的研究方向，是一种复杂的机器学习方法。2016 年，AlphaGo 以 4：1 轻松击败韩国职业围棋选手李世石，媒体报道中多次提及"深度学习"一词，这也使"深度学习"这一概念广为人知。本章将先介绍一个 Java 中的深度学习库：Deeplearning4J，然后用一个简单案例说明如何用机器学习的方法识别手写数字。

15.1　Deeplearning4J 简介

随着深度神经网络和深度学习在计算机视觉、语音识别、自然语言处理等领域的突飞猛进，各大科技公司纷纷开源了各自的深度学习框架，其中较为知名的有 TensorFlow、PyTorch、Caffe、CNTK、Deeplearning4J 等。上述框架大多是基于 Python 或者 C/C++的，基于 Java 的深度学习框架只有 Deeplearning4J。

Deeplearning4J（以下简称 DL4J）诞生于 2013 年，是由 Skymind 开源并维护的一个基于 Java/JVM 的深度学习框架，2017 年加入 Eclipse 基金会。DL4J 可以在 GitHub 上下载，其主页上除了提供 DL4J 库的下载以外，还有 deeplearning4j examples（示例程序）及文档供下载，如图 15-1 所示。

DL4J 运行在 JVM 上，因此，除了 Java 之外还可以将它与各种基于 JVM 的语言一起使用，如 Scala、Kotlin、Clojure 等。DL4J 底层是开源数值计算库 ND4J，类似于 NumPy 为

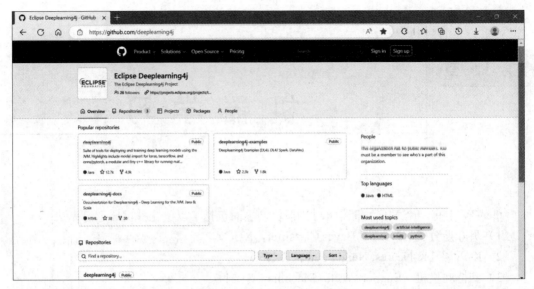

图 15-1　DL4J 下载页面

Python 提供的功能。ND4J 对于 DL4J 的重要性相当于 OpenCV 中的 Mat 类，甚至连创建方法也与 Mat 类如出一辙，下面几行程序用于创建数值全是 0 的 NDArray 对象，代码如下：

```
int nRows = 3;
int nColumns = 3;
INDArray zeros = Nd4j.zeros(nRows, nColumns);
```

是不是和 OpenCV 中的 Mat.zeros()函数非常相像？除此之外，ND4J 中也有和 Mat.Ones()和 Mat.Eyes()函数对等的方法，代码如下：

```
INDArray ones = Nd4j.ones(5, 5);
INDArray eye = Nd4j.eye(3);
```

另外，NDArray 对象也可以直接从数组创建，示例代码如下：

```
double[][] d = new double[][]{{1.0, 2.0, 3.0}, {2.0, 2.0, 3.0}};
INDArray m = Nd4j.create(d);
```

Deeplearning4J 虽然只是一个深度学习框架，但它涉及的内容相当广泛，限于篇幅，本书不作深入介绍，有兴趣的读者可以自行下载 DL4J 库及示例程序进行学习研究。

15.2　手写数字识别

15.2.1　概述

在 OpenCV 安装目录下（\sources\samples\data）有一个名为 digits.png 的图像文件，该

图像是灰度图，由 5000 个手写数字组成，如图 15-2 所示。图像中的数字共有 50 行，每行 100 个，每个数字都是 20×20 大小，本案例将用 K-近邻算法对前 50 列进行训练，然后用后 50 列进行测试验证。

图 15-2　手写数字图像

15.2.2　K-近邻算法简介

K-近邻算法是一种较为简单的聚类算法，该算法的思路是：在特征空间中，如果一个样本附近的 k 个最近样本中大多数属于某个类别，则该样本也属于这个类别。

K-近邻算法的原理可用下面的例子说明，如图 15-3 所示，区域内有红色的三角和蓝色的矩形两类对象，姑且称为红色家族和蓝色家族。现在有一个新的对象：中央的圆点，如何判断它是属于红色家族还是蓝色家族呢？

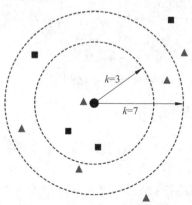

图 15-3　K-近邻算法原理图

先检测它的 k 个最近的邻居，这 k 个邻居中哪个家族成员多就将圆点划分为哪一类。假设 k 等于 3（图中内侧圆圈范围内），即检测最近的 3 个邻居，发现有两个蓝色矩形，1 个红色三角，所以圆点属于蓝色家族。如果 k 等于 7（图中外侧圆圈范围内），则此时红色三角有 4 个，蓝色矩形有 3 个，圆点属于红色家族。这种根据 k 个最近邻居分类的方法就叫作 K-近邻法。

在 OpenCV 中实现 K-近邻算法可以分为以下 3 步：

（1）创建 KNcarest 类对象（KNearest 类继承自 StatModel 类）。

（2）用 StatModel.train() 函数对样本数据进行训练。

（3）用 KNearest.findNearest() 函数判断测试数据的类别。

对样本数据进行训练的 StatModel.train() 函数的原型如下：

```
boolean StatModel.train(Mat samples, int layout, Mat responses)
函数用途：训练统计模型。
```

【参数说明】

（1）samples：训练样本。

（2）layout：训练样本的排列方式，可选参数如下。

◆ Ml.ROW_SAMPLE：训练样本按行排列。

◆ Ml.COL_SAMPLE：训练样本按列排列。

（3）responses：与训练样本相联系的标签矩阵。

判断测试数据类别的 KNearest.findNearest() 函数的原型如下：

```
float KNearest.findNearest(Mat samples, int k, Mat results, Mat
neighborResponses, Mat dist)
函数用途：找出 k 个最近邻。
```

【参数说明】

（1）samples：按行存储的输入样本，应为单精度浮点数据。

（2）k：采用的最近邻数量，应大于 1。

（3）results：每个输入样本的预测结果。

（4）neighborResponses：可选的相应近邻的输出。

（5）dist：可选的与相应近邻的距离。

下面就结合实际案例介绍 K-近邻算法的具体应用。

15.2.3　手写数字识别的实现

本案例的第 1 步是生成训练和测试用的数据集，此过程中需要调用图像中每个数字的像素值，程序中用 cellData() 函数实现此功能。

在此基础上就可以生成训练和测试用的数据集了。前文介绍过，本案例将用前 50 列进行训练，用后 50 列进行测试，因此训练和测试数据集都是 2500 个数字。具体来讲，每个数据集都是一个 2500 行 400 列的矩阵，400 列对应一个数字的 400 像素，生成过程实际上是矩阵的重置过程，相应的代码见 makeDataMat()函数。

该函数从灰度图提取数据后依次放入 data 数组，然后将该数组传递给 images 并转换成 CV_32FC1 类型。此函数可同时生成训练和测试用的数据集，只要适当地设置 colStart 和 colEnd 两个参数即可。

训练时还需为训练数据集配备相应的标签矩阵，该部分代码见 makeLabelMat()函数。相关数据准备好以后即可进行训练和测试。程序中除了对大图中的后 50 列数字进行测试外，还对如图 15-4 所示的两个手写数字进行了测试。

图 15-4　另行测试的手写数字图片

由于这两幅图像较大，在测试前需要将其缩小至 20×20 大小，在此基础上才可以用训练结果对它们进行测试。

15.2.4　完整代码

最后，给出本案例的完整代码：

```java
//第 15 章/MlKnn.java

import org.opencv.core.*;
import org.opencv.imgcodecs.Imgcodecs;
import org.opencv.imgproc.Imgproc;
import org.opencv.ml.*;

public class MlKnn {

    public static void main(String[] args) {
        System.loadLibrary(Core.NATIVE_LIBRARY_NAME);

        //读取图像并转换成灰度图
        Mat src = Imgcodecs.imread("digits.png");
        Mat gray = new Mat();
        Imgproc.cvtColor(src, gray, Imgproc.COLOR_BGR2GRAY);

        //准备训练集和标签数据
```

```
Mat trainMat = makeDataMat(gray, 0, 50);
Mat labelMat = makeLabelMat(gray, 0, 50);

//对样本数据集进行训练
KNearest knn = KNearest.create();
boolean result = knn.train(trainMat, Ml.ROW_SAMPLE, labelMat);
System.out.println("训练成功?  " + result);

//参数设置
int K = 5;
Mat results = new Mat();
Mat responses = new Mat();
Mat dist = new Mat();

//生成测试数据矩阵并进行预测识别
Mat testMat = makeDataMat(gray, 50, 100);
knn.findNearest(testMat, K, results, responses, dist);

//将预测结果与标准结果进行比对
float[] f = new float[2500];
results.get(0, 0, f);
int count = 0;
for (int n = 0; n < 2500; n++) {
    int num = n / 250; //标准结果
    if (Math.round(f[n]) == num)
        count++;
}

//输出批量测试结果
System.out.println("测试总数: 2500");
System.out.println("正确个数: " + count);
System.out.println("正确比率: " + count / 2500.0);

//测试手写数字1
Mat gray1 = Imgcodecs.imread("digit1.png", Imgcodecs.IMREAD_GRAYSCALE);
Mat test1 = prepareImg(gray1);
knn.findNearest(test1, K, results, responses, dist);
System.out.println("digit1.png 测试结果: " + results.dump());

//测试手写数字5
Mat gray5 = Imgcodecs.imread("digit5.png", Imgcodecs.IMREAD_GRAYSCALE);
Mat test5 = prepareImg(gray5);
knn.findNearest(test5, K, results, responses, dist);
```

```java
        System.out.println("digit5.png 测试结果: " + results.dump());

        System.exit(0);

    }

    public static byte[] cellData(Mat gray, int rowNo, int colNo) {
        //从输入的灰度图中截取 20*20 的子矩阵
        Mat roi = gray.submat(rowNo * 20, rowNo * 20 + 20, colNo * 20,
                colNo * 20 + 20);
        Mat sub = new Mat();
        roi.copyTo(sub);

        //获取子矩阵的所有数据
        byte[] d = new byte[400];
        sub.get(0, 0, d); //获取所有数据
        return d;
    }

    public static Mat makeDataMat(Mat gray, int colStart, int colEnd) {
        //导入矩阵的data 数组制作
        byte[] data = new byte[2500 * 400];
        for (int row = 0; row < 50; row++) {
            for (int col = colStart; col < colEnd; col++) {
                Byte[] d = cellData(gray, row, col);
                int index = row * 50 + col - colStart;
                System.arraycopy(d, 0, data, index * 400, 400);
            }
        }

        //导入样本数据矩阵
        Mat images = Mat.zeros(2500, 400, CvType.CV_8UC1);
        images.put(0, 0, data);
        images.convertTo(images, CvType.CV_32FC1);
        return images;
    }

    public static Mat makeLabelMat(Mat gray, int colStart, int colEnd) {
        //导入矩阵的data 数组制作
        float[] data = new float[2500];
        for (int row = 0; row < 50; row++) {
            for (int col = colStart; col < colEnd; col++) {
                int index = row * 50 + col;
```

```
                data[index] = (float) (row / 5) ;
        }
    }

    //导入标签矩阵
    Mat labels = Mat.zeros(2500, 1, CvType.CV_32FC1);
    labels.put(0, 0, data);
    return labels;
}


public static Mat prepareImg(Mat gray) {
    Imgproc.resize(gray, gray, new Size(20,20));
    byte[] data = new byte[400];
    gray.get(0, 0, data); //获取所有数据
    Mat m = Mat.zeros(1, 400, CvType.CV_8UC1);
    m.put(0, 0, data);
    m.convertTo(m, CvType.CV_32FC1);
    return m;
    }

}
```

程序运行后控制台输出的结果如图 15-5 所示。

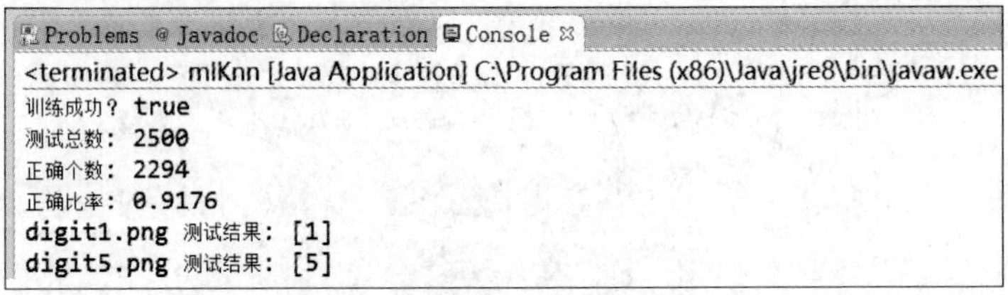

```
 Problems  @ Javadoc   Declaration   Console 
<terminated> mlKnn [Java Application] C:\Program Files (x86)\Java\jre8\bin\javaw.exe
训练成功? true
测试总数: 2500
正确个数: 2294
正确比率: 0.9176
digit1.png 测试结果: [1]
digit5.png 测试结果: [5]
```

图 15-5　控制台输出的结果

从图 15-5 中可以看出，在测试的 2500 个手写数字中，被正确识别的有 2294 个，准确率达到 91.76%，而这个结果是在仅仅训练了 2500 个数据的基础上获得的，可见效果还是不错的。程序中另外测试的两个手写数字也都识别正确。为了获得更高的准确率，需要用更多的数据进行训练，尤其是那些判断错误的手写数字。

本案例是用 K-近邻法进行训练和测试的。稍加改动后，本案例也可以用决策树、随机森林、SVM 等机器学习算法实现，不过不同算法的准确率会略有不同。这些算法的结构类似，笔者的拙作《Java+OpenCV 高效入门》中有详细介绍，此处就不一一给出程序示例了。

OpenCV 常用函数表

OpenCV 提供了大量实用函数，本书使用的仅仅是其中的一小部分。为了便于读者深入学习研究 OpenCV，笔者整理了常用的 OpenCV 函数，详见表 A-1。表中大部分函数在笔者的拙作《Java+OpenCV 高效入门》中有详细介绍。

表 A-1 常用的 OpenCV 函数

编号	所属模块	函 数 名	函 数 用 途
1	Core	Core.add()	将两幅图像简单相加
2	Core	Core.addWeighted()	将两幅图像按权重相加
3	Core	Core.bitwise_and()	对图像进行按位与运算
4	Core	Core.bitwise_not()	对图像进行反相操作
5	Core	Core.bitwise_or()	对图像进行按位或运算
6	Core	Core.bitwise_xor()	对图像进行按位异或运算
7	Core	Core.convertScaleAbs()	计算矩阵中数值的绝对值，并转换为 8 位数据类型
8	Core	Core.copyMakeBorder()	绘制图像外框
9	Core	Core.countNonZero()	计算非零像素数
10	Core	Core.dft()	傅里叶变换
11	Core	Core.divide()	对矩阵进行点除
12	Core	Core.flip()	对图像进行翻转
13	Core	Core.hconcat()	对矩阵进行水平拼接
14	Core	Core.idft()	傅里叶逆变换
15	Core	Core.inRange()	检查数组元素是否位于两个数组元素之间
16	Core	Core.kmeans()	实现 K 均值聚类
17	Core	Core.LUT()	对矩阵进行查找表操作
18	Core	Core.max()	比较图像间相同位置像素的较大值
19	Core	Core.mean()	计算矩阵中各通道的平均值
20	Core	Core.meanStdDev()	计算矩阵中各通道的平均值和方差

续表

编号	所属模块	函 数 名	函 数 用 途
21	Core	Core.merge()	将多个通道数据合并
22	Core	Core.min()	比较图像间相同位置像素的较小值
23	Core	Core.minMaxLoc()	寻找矩阵中的最大值和最小值及在矩阵中的位置
24	Core	Core.multiply()	对矩阵进行点乘
25	Core	Core.normalize()	对矩阵进行归一化
26	Core	Core.perspectiveTransform()	进行透视矩阵变换
27	Core	Core.split()	将图像拆分为多个通道
28	Core	Core.subtract()	将两幅图像（矩阵）相减
29	Core	Core.vconcat()	对矩阵进行垂直拼接
30	Core	Mat.convertTo()	转换矩阵数据类型
31	Core	Mat.get()	获取图像像素值
32	Core	Mat.ones()	创建值全为 1 的矩阵
33	Core	Mat.ones()	创建矩阵，当行号=列号时值为 1，其余值为 0
34	Core	Mat.put()	修改图像像素值
35	Core	Mat.submat()	设置子矩阵
36	Core	Mat.zeros()	创建值全为 0 的矩阵
37	Imgcodecs	Imgcodecs.imread()	从指定文件加载图像
38	Imgcodecs	Imgcodecs.imwrite()	将图像保存为指定文件
39	HighGui	HighGui.imshow()	在屏幕上显示图像
40	HighGui	HighGui.waitKey()	在给定的时间内等待用户按键触发
41	Imgproc	Imgproc.adaptiveThreshold()	对图像进行自适应二值化处理
42	Imgproc	Imgproc.approxPolyDP()	寻找逼近轮廓的多边形
43	Imgproc	Imgproc.arcLength()	计算轮廓周长
44	Imgproc	Imgproc.arrowedLine()	在图像上绘制箭头
45	Imgproc	Imgproc.bilateralFilter()	用双边滤波器对图像进行处理
46	Imgproc	Imgproc.blur()	用归一化的方框滤波器对图像进行平滑处理
47	Imgproc	Imgproc.boundingRect()	获取直边界矩形
48	Imgproc	Imgproc.boxFilter()	用方框滤波器对图像进行平滑处理
49	Imgproc	Imgproc.boxPoints()	获取旋转矩形的 4 个顶点
50	Imgproc	Imgproc.calcBackProject()	对图像直方图进行反向投影
51	Imgproc	Imgproc.calcHist()	图像直方图的数据统计
52	Imgproc	Imgproc.Canny()	用 Canny 算法进行边缘检测

续表

编号	所属模块	函 数 名	函 数 用 途
53	Imgproc	Imgproc.circle()	在图像上绘制一个圆
54	Imgproc	Imgproc.compareHist()	比较两幅直方图
55	Imgproc	Imgproc.connectedComponents()	标记图像中的连通域
56	Imgproc	Imgproc.connectedComponentsWithStats()	标记图像中的连通域，并输出统计信息
57	Imgproc	Imgproc.contourArea()	计算轮廓面积
58	Imgproc	Imgproc.convexHull()	寻找点集的凸包
59	Imgproc	Imgproc.cornerHarris()	Harris 角点检测
60	Imgproc	Imgproc.cvtColor()	颜色空间转换
61	Imgproc	Imgproc.dilate()	用特定的结构元素对图像进行膨胀操作
62	Imgproc	Imgproc.distanceTransform()	计算像素之间的距离
63	Imgproc	Imgproc.drawContours()	绘制轮廓或轮廓内部
64	Imgproc	Imgproc.ellipse()	在图像上绘制一个椭圆或椭圆的一部分
65	Imgproc	Imgproc.equalizeHist()	对图像进行直方图均衡化
66	Imgproc	Imgproc.erode()	用特定的结构元素对图像进行腐蚀操作
67	Imgproc	Imgproc.fillPoly()	在图像上绘制实心多边形
68	Imgproc	Imgproc.filter2D()	将图像与卷积核进行卷积运算
69	Imgproc	Imgproc.findContours()	在二值图像中寻找轮廓
70	Imgproc	Imgproc.fitLine()	获取拟合直线
71	Imgproc	Imgproc.floodFill()	漫水填充法
72	Imgproc	Imgproc.GaussianBlur()	用高斯滤波器对图像进行平滑处理
73	Imgproc	Imgproc.getAffineTransform()	计算仿射变换矩阵
74	Imgproc	Imgproc.getDerivKernels()	生成边缘检测用的滤波器
75	Imgproc	Imgproc.getPerspectiveTransform()	计算透视变换的矩阵
76	Imgproc	Imgproc.getRotationMatrix2D()	计算二维旋转的仿射矩阵
77	Imgproc	Imgproc.getStructuringElement()	生成形态学操作的结构元素
78	Imgproc	Imgproc.goodFeaturesToTrack()	寻找图像上的强角点
79	Imgproc	Imgproc.grabCut()	GrabCut 算法
80	Imgproc	Imgproc.HoughCircles()	用霍夫变换寻找圆
81	Imgproc	Imgproc.HoughLines()	用标准霍夫变换寻找直线
82	Imgproc	Imgproc.HoughLinesP()	用概率霍夫变换寻找直线
83	Imgproc	Imgproc.HuMoments()	Hu 矩计算
84	Imgproc	Imgproc.integral()	计算积分图像
85	Imgproc	Imgproc.Laplacian()	用 Laplacian 算子进行边缘检测
86	Imgproc	Imgproc.line()	在图像上绘制 1 条线段

续表

编号	所属模块	函 数 名	函 数 用 途
87	Imgproc	Imgproc.matchTemplate()	在图像中寻找与模板匹配的区域
88	Imgproc	Imgproc.medianBlur()	用中值滤波器对图像进行平滑处理
89	Imgproc	Imgproc.minAreaRect()	获取最小外接矩形
90	Imgproc	Imgproc.minEnclosingCircle()	获取最小外接圆
91	Imgproc	Imgproc.minEnclosingTriangle()	获取最小外接三角形
92	Imgproc	Imgproc.moments()	计算图像矩
93	Imgproc	Imgproc.morphologyEx()	对图像进行基于腐蚀和膨胀的高级形态学操作
94	Imgproc	Imgproc.polylines()	在图像上绘制一个多边形
95	Imgproc	Imgproc.putText()	在图像上添加文字
96	Imgproc	Imgproc.pyrDown()	对图像进行向下采样
97	Imgproc	Imgproc.pyrUp()	对图像进行向上采样
98	Imgproc	Imgproc.rectangle()	在图像上绘制一个矩形
99	Imgproc	Imgproc.remap()	对图像进行通用映射变换
100	Imgproc	Imgproc.resize()	改变图像的大小
101	Imgproc	Imgproc.Scharr()	用 Scharr 算子进行边缘检测
102	Imgproc	Imgproc.Sobel()	用 Sobel 算子进行边缘检测
103	Imgproc	Imgproc.threshold()	对图像进行二值化
104	Imgproc	Imgproc.warpAffine()	对图像进行仿射变换
105	Imgproc	Imgproc.warpPerspective()	对图像进行透视变换
106	Imgproc	Imgproc.warpPolar()	极坐标变换
107	Imgproc	Imgproc.watershed()	分水岭法
108	Feature2D	DescriptorMatcher.knnMatch()	为每个描述子寻找 k 个最佳匹配
109	Feature2D	DescriptorMatcher.match()	为每个描述子寻找一个最佳匹配
110	Feature2D	DescriptorMatcher.radiusMatch()	为每个描述子寻找指定距离内的所有匹配
111	Feature2D	Features2D.compute()	计算关键点的描述子
112	Feature2D	Features2D.detect()	在图像中检测关键点
113	Feature2D	Features2D.detectAndCompute()	在图像中检测关键点并计算关键点的描述子
114	Feature2D	Features2D.drawKeypoints()	绘制关键点
115	Feature2D	Features2D.drawMatches()	绘制两幅图像中匹配的关键点
116	objdetect	CascadeClassifier.detectMultiScale()	在输入图像中检测不同尺寸的物体
117	objdetect	QRCodeDetector.decode()	QR 二维码解码
118	objdetect	QRCodeDetector.detect()	QR 二维码定位

续表

编号	所属模块	函 数 名	函 数 用 途
119	objdetect	QRCodeDetector.detectAndDecode()	QR 二维码定位并解码
120	Calib3d	Calib3d.convertPointsFromHomogeneous()	将齐次坐标转换为非齐次坐标
121	Calib3d	Calib3d.convertPointsToHomogeneous()	将非齐次坐标转换为齐次坐标
122	Calib3d	Calib3d.find4QuadCornerSubpix()	内角点位置优化
123	Calib3d	Calib3d.findChessboardCorners()	棋盘格内角点检测
124	Calib3d	Calib3d.findCirclesGrid()	圆形网格圆心检测
125	Calib3d	Calib3d.findHomography()	计算单应矩阵
126	Calib3d	Calib3d.projectPoints()	将三维点投影到图像平面
127	Calib3d	Calib3d.solvePnP()	计算位姿关系
128	Calib3d	Calib3d.stereoCalibrate()	双目相机标定
129	Calib3d	Calib3d.stereoRectify()	双目相机畸变校正
130	Calib3d	Calib3d.undistort()	去畸变校正
131	ml	StatModel.train()	训练统计模型
132	ml	StatModel.predict()	对给定样本进行预测
133	ml	KNearest.findNearest()	找出 k 个最近邻
134	ml	DTrees.setMaxDepth()	设定最大深度
135	ml	DTrees.setMinSampleCount()	设定节点最小样本数
136	ml	DTrees.setUseSurrogates()	设定是否建立替代分裂点
137	ml	DTrees.setCVFolds()	设定 K 折叠交叉验证剪枝时的交叉验证次数
138	ml	DTrees.setUse1SERule()	设定是否应用 1SE 规则剪枝
139	ml	DTrees.setTruncatePrunedTree()	设定分支是否完全移除
140	ml	DTrees.setPriors()	设定先验类概率数组，默认值为空 Mat
141	ml	DTrees.setMaxCategories()	设定最大预分类数
142	ml	DTrees.setRegressionAccuracy()	设定回归树的终止标准
143	ml	RTrees.setActiveVarCount()	设定每棵树节点随机选择特征子集的大小
144	ml	RTrees.setCalculateVarImportance()	设定计算变量的重要性
145	ml	RTrees.setTermCriteria()	设定终止条件
146	ml	SVM.setType()	设置 SVM 算法类型
147	ml	SVM.setKernel()	初始化预定义的核
148	ml	SVM.setTermCriteria()	设定终止条件
149	ml	SVM.getSupportVectors()	获取支持向量
150	ml	SVM.getUncompressedSupportVectors()	SVM.getSupportVectors()的改进版
151	ml	Boost.setBoostType()	设置 Boost 算法类型
152	ml	Boost.setWeakCount()	设置弱分类器数量

续表

编号	所属模块	函 数 名	函 数 用 途
153	ml	Boost.setWeightTrimRate()	设置权重修剪率
154	ml	Dnn.readNet()	加载深度神经网络模型
155	ml	Dnn.blobFromImages()	将图像转换成一个四维 blob
156	ml	Net.empty()	判断模型是否为空
157	ml	Net.getLayerNames()	获得每层网络的名称
158	ml	Net.setInput()	设置模型的输入
159	ml	Net.forward	执行前向传输
160	videoio	VideoCapture.get()	获取 VideoCapture 对象的属性
161	videoio	VideoCapture.open()	打开视频文件或视频流
162	videoio	VideoCapture.read()	读取一帧视频图像
163	videoio	VideoCapture.set()	设置 VideoCapture 对象的属性
164	videoio	VideoWriter.open()	初始化视频写操作
165	videoio	VideoWriter.write()	写入一帧图像
166	video	BackgroundSubtractor.apply()	计算前景掩模
167	video	Video.calcOpticalFlowFarneback()	用 Farneback 算法计算稠密光流
168	video	Video.calcOpticalFlowPyrLK()	用 Lucas-Kanade 法计算稀疏光流
169	video	Video.CamShift()	用自适应的均值迁移法寻找物体
170	video	Video.createBackgroundSubtractorKNN()	创建 K-近邻背景分割器
171	video	Video.createBackgroundSubtractorMOG2()	创建 MOG2 背景分割器
172	video	Video.meanShift()	用均值迁移法寻找物体

一种简单易学、无须记忆的汉字编码法

B.1 简介

本编码法是一种简单易学、无须记忆的汉字编码法，其字根可分为"汉字字根"和"部首字根"两大类；对"汉字字根"用其拼音首字母（以下称"首拼"）编码；"部首字根"用其常用名称关键字首拼等编码，编码样例如图 B-1 所示。

图 B-1　汉字编码样例

本编码法的目的不是完全消除重码，而是在没有记忆负担的前提下尽量减少重码。根据对 1988 年公布的《现代汉语通用字表》中的 7000 字的统计结果，采用本编码法（4 位编码）编码后无重码的有 4200 多字，候选字超过 3 个字的编码仅约 110 个，可以说兼具拼音码和形码的优点。

B.2 基本概念

本编码法中涉及的基本概念介绍如下。

（1）字根：是指汉字中的笔画组合，是用于汉字编码的基本单元，可分成"汉字字根"

和"部首字根"两种。"汉字字根"本身即汉字成字,但需要符合一定的规则,"部首字根"主要是偏旁部首。

(2)部件:是指汉字拆解后分成的部分,如"湖"字可拆分为"氵""古""月"共 3 个部件。部件可以是字根,也可以不是。

(3)残笔:本编码法聚焦于结构较大的字根,会忽略一些细碎的笔画,因此汉字拆解后可能存在未包括在内的笔画,称作"残笔"。如"压"字可拆成"厂、土",而土中的"、"被忽略成为"残笔"。"残笔"的笔画数称作"残笔数","压"拆分为"厂、土"后"残笔数"为 1,此数字在确定优先顺序时可能会用到。

B.3　字根

字根分为汉字字根和部首字根两大类,具体如下。

1. 汉字字根

汉字字根本身是一个常用汉字,汉字是否成为字根仅需根据几个简单规则判断即可,无须记忆。汉字字根的编码为其首拼,具体如下:

A:凹;
B:八巴白百办半卑北本匕币必扁丙秉卜不;
C:才曹册叉长厂车臣丞承蚩尺斥赤虫重丑出豖川串垂束匆寸;
D:大歹丹单旦刀氏弟电典刁丁东;
E:儿而耳;
F:乏发凡反方飞非丰夫弗市甫;
G:丐干甘戈革个艮亘庚更工弓瓜夬广鬼龟果;
H:禾黑后乎互户惠火;
J:击及几己旡夹甲兼戋柬走巾今斤堇井九久韭臼巨具;
K:开口亏;
L:来乐了耒里力吏隶良两卵;
M:马毛矛么门米兔丏面灭民皿末母木目;
N:那乃内年廿鸟牛农女;
P:丕皮片平;
Q:七妻其气千且丘求曲犬;
R:冉人壬刃日入;
S:丧山上勺少申身甚升生尸失师十石史豕士氏世事手书术戍束甩水司四巳叟肃所;
T:太天田凸土兔屯毛;
W:瓦丸万亡王为韦卫未畏我乌无毋五兀勿戊;
X:夕西习叚下乡象小心戌血熏爿;
Y:丫牙亚严央幺夭尧也业曳夷乙已义弋亦尤尹引永用尤由酉又于予禹臾与禹玉聿月戌;
Z:再乍丈争正之直止豸中州舟朱爪专子自。

注:繁体字等生僻字根不在其中。

2. 部首字根

"部首字根"中主要是偏旁部首，编码采用其常用名称关键字的首拼，少数根据其形态特点编码，详见图 B-2。

No.	字根	编码	编码来由	No.	字根	编码	编码来由	No.	字根	编码	编码来由
1	宀	B	宝（B）盖头	21	丂	K	读音Kao（K）	41	讠	Y	言（Y）字旁
2	勹	B	包（B）字头	22	朩	M	木（M）变体	42	页	Y	頁（Y）字旁
3	目	B	形似 B	23	牛	N	牛（N）字头	43	衤	Y	衣（Y）字旁
4	癶	B	读音Bo（B）	24	鸟	N	鸟（N）字头	44	夕	Y	月（Y）变体
5	艹	C	草（C）头	25	丬	P	反向片（P）	45	昜	Y	杨（Y）字旁
6	丷廾	C	形似草（C）头	26	犭	Q	反犬（Q）旁	46	雨	Y	雨（Y）字旁
7	巛	C	形似川（C）	27	亻彳宀	R	人（R）旁	47	衣氏	Y	形似衣（Y）
8	镸	C	長（C）变体	28	饣	S	食（S）字旁	48	辶	Z	之（Z）字底
9	夫	C	春（C）字头	29	纟糸	S	绞丝（S）旁	49	爫	Z	爪（Z）字头
10	刂	D	立刀（D）旁	30	扌	S	提手（S）旁	50	乊	Z	止（Z）变体
11	𠃌	D	刀（D）字头	31	氺	S	水（S）变体	51	竹⺮	Z	竹（Z）字头
12	阝阝	E	耳（E）旁	32	礻	S	示（S）字旁	52	夂	Z	读音Zhong（Z）
13	缶	F	缶（F）字旁	33	罒	S	形似四（S）				
14	咼	G	骨（G）字头	34	龵	S	形似手（S）				
15	虍	H	虎（H）字头	35	豕	S	豕（S）字底				
16	钅	J	金（J）字旁	36	冖	T	秃（T）宝盖				
17	廴	J	建（J）字底	37	忄	X	竖心（X）旁	53	丶丷氵ⱽ丬灬		点（D）类
18	爿	J	将（J）字旁	38	小	X	心（X）变体	54	彡丿		撇（P）类
19	丩	J	古同纠（J）	39	彐	X	雪（X）字底	55	乚厶ㄓマ巛		折（D）类
20	卩	J	读音Jie（J）	40	彐	X	形似"彐"（X）	56	囗匚凵门冂		框（K）类
								57	乂才丰艹龶丰凵		叉（C）类

图 B-2 部首字根表

B.4 汉字字根规则

"汉字字根"均符合一个特征：不能拆分成两个及以上字根；能否拆分需要根据以下原则判断：

（1）"交叉不能拆"。互相交叉的笔画在拆分后不能分离，例如"里"不能拆成"日、土"。

（2）"一笔不能拆"。属于一笔的笔画不能为了组成字根而一拆为二，如"出"不能拆成"山、山"。

（3）"分隔非字根"。凡是被某笔画或部件分隔的笔画之间不能构成字根，如"办"的两点不能组成"八"字，因而"办"不能被拆分成"力、八"。虽被分割但本身连成一体的部件不受此限，例如"舐"字中"臼"虽然被"千"分隔，但"臼"本身是一体的，因而可以拆成"千、臼"。

（4）"完整性原则"，即不能将完整结构的一部分拆开后构成另一部首，这也是为了保证字根的直观性。

（5）"一不作字根"，即任何情况下"一"都不成为字根。在汉字中，"横"的形态随处可见，单为"横"占去一码得不偿失，而且拆分时容易混淆。

特殊规则如下：

（1）"框"类字根与其中的结构连成一体的不能拆分，例如"田""四""且"等字均不能拆分。

（2）"二，三"左右侧与其他笔画连接时不能拆分，如"非""目"等字均不能拆分。

（3）"折"类中的"乚"仅在独立构成半边时才可拆分，如"札"可以拆成"木、乚"，但"尤"不能拆成"ナ乚丶"。

B.5　编码规则

（1）字根的排列顺序：字根的排列顺序以其第一笔在笔顺中的先后顺序为准，如"达"字的笔顺为"横撇点点折捺"，其中"大"的第一笔"横"排在"辶"的第一笔"点"的前面，所以字根的排列顺序为①"大"②"辶"。

（2）编码长度。通常情况下编码长度为 4 位，当字符集很大时也可设为 5 位，下文皆以 4 位为例进行说明。

（3）汉字编码分为"字根码"和"笔画码"。"汉字字根"和"部首字根"的编码都属"字根码"。如果"字根码"满 4 位，则编码结束，如果不满 4 位，则添加"笔画码"；如果"字根码"和"笔画码"相加仍不满 4 位（极个别情况），则在其后添加字母 U 表示结束。

（4）本编码法将笔画分为"横竖撇捺折"，分别采用其名称的拼音的第 1 个字母 HSPNZ 来代表这些笔画进行编码，HSPNZ 称为"笔画码"；"横竖撇捺折"的判断与传统意义上的"五笔画"一致，例如"点"作"捺"，"提"作"横"等。

（5）如果某字本身为"字根"或者无法拆分成两个及以上字根，则按照下列规则编码：

① 第 1 位用该字首拼，如果无读音或不知读音，则可用字母 I 代替（此处字母 I 相当于五笔字型的万能键 Z），后面加 3 位"笔画码"。

② 如果"笔画码"不满 3 位，则添加字母 U 表示结束。

1. "笔画码"原则

（1）如果需添加 1 位"笔画码"，则取汉字的第 1 笔作为笔画码。

（2）如果需添加 2 位"笔画码"，则两个字根各取第 1 笔作为笔画码。

（3）如果需添加 3 位"笔画码"，则取汉字的第 1~3 笔作为笔画码。

由于汉字中有大量由两个字根组成的汉字，所以此法能大大降低重码率。

举例如下：

（1）"招"字"字根码"（SDK）为 3 位，需要 1 位"笔画码"，取第一笔"横"（H）为笔画码。

（2）"召"字"字根码"（DK）为 2 位，需要 2 位"笔画码"，取"刀"的第一笔"折"和"口"的第一笔"竖"，"笔画码"为 ZH。

（3）"中"字为字根，需要 3 位"笔画码"，依次取第 1~3 笔的 SZH 为"笔画码"。

2. 存在多种拆分方法时的优先规则

（1）"字根数最多"的原则，此为核心原则。

（2）"残笔数最少"的原则。如果字根一样多，则取残笔少的，例如，"突"字可拆成"宀八犬"，也可拆成"宀八大、"。由于"、"不是字根，所以两种拆法的字根数都是 3 个，前一种拆法残笔数为 0，后一种残笔数为 1（"、"），所以应选前一种。

（3）"前字根取大"的原则。如果字根数和残笔数都一样多，则前面的字根笔画多的优先，例如，"並"可以拆成"丷业"也可拆成"丷亚"都是两个字根，残笔都为 0，此时比较第 1 个字根，"丷"的笔画比"丷"多，所以应该选前一种。

B.6 拼音模式和笔画模式

由于字根码和笔画码中都没有用到 I、O、U 3 个字母，因此它们有着特殊的用途，U 在编码不满 4 位时可用作结束标志，而 I 和 O 则用作拼音模式和笔画模式的标志。

（1）拼音模式：拼音码在处理词组方面优势巨大，如 TPY 代表"太平洋"，ZMLMF 代表"珠穆朗玛峰"等。本编码法可以兼容拼音模式，只要在上述编码前或后加上 I 即可表示拼音模式。

（2）笔画码：本编码法也可与笔画码兼容，只要加上 O 作为标识即可。

B.7 编码样例

编码样例见表 B-1。

表 B-1 编码样例

	汉字	拆　　分	字根码	笔画码	完整编码	编 码 说 明
1	口	（汉字字根）	K	SZH	KSZH	
2	大	（汉字字根）	D	HPN	DHPN	
3	丷	（部首字根）	I	NPH	INPH	
4	召	刀口	DK	ZS	DKZS	
5	周	冂土口	KTK	P	KTKP	
6	突	宀八犬	BBQ	N	BBQN	
7	辖	车宀丰口	CBFK	/	CBFK	

续表

	汉字	拆　　分	字根码	笔画码	完整编码	编 码 说 明
8	何	亻丁口	RDK	P	RDKP	
9	福	礻口田	SKT	N	SKTN	"畐"上一横非字根
10	慈	丷幺幺心	CYYX	/	CYYX	

图 书 推 荐

书　名	作　者
深度探索 Vue.js——原理剖析与实战应用	张云鹏
剑指大前端全栈工程师	贾志杰、史广、赵东彦
Flink 原理深入与编程实战——Scala+Java（微课视频版）	辛立伟
Spark 原理深入与编程实战（微课视频版）	辛立伟、张帆、张会娟
PySpark 原理深入与编程实战（微课视频版）	辛立伟、辛雨桐
HarmonyOS 移动应用开发（ArkTS 版）	刘安战、余雨萍、陈争艳 等
HarmonyOS 应用开发实战（JavaScript 版）	徐礼文
HarmonyOS 原子化服务卡片原理与实战	李洋
鸿蒙操作系统开发入门经典	徐礼文
鸿蒙应用程序开发	董昱
鸿蒙操作系统应用开发实践	陈美汝、郑森文、武延军、吴敬征
HarmonyOS 移动应用开发	刘安战、余雨萍、李勇军 等
HarmonyOS App 开发从 0 到 1	张诏添、李凯杰
HarmonyOS 从入门到精通 40 例	戈帅
JavaScript 基础语法详解	张旭乾
华为方舟编译器之美——基于开源代码的架构分析与实现	史宁宁
Android Runtime 源码解析	史宁宁
鲲鹏架构入门与实战	张磊
鲲鹏开发套件应用快速入门	张磊
华为 HCIA 路由与交换技术实战	江礼教
华为 HCIP 路由与交换技术实战	江礼教
openEuler 操作系统管理入门	陈争艳、刘安战、贾玉祥 等
恶意代码逆向分析基础详解	刘晓阳
深度探索 Go 语言——对象模型与 runtime 的原理、特性及应用	封幼林
深入理解 Go 语言	刘丹冰
Spring Boot 3.0 开发实战	李西明、陈立为
深度探索 Flutter——企业应用开发实战	赵龙
Flutter 组件精讲与实战	赵龙
Flutter 组件详解与实战	[加]王浩然（Bradley Wang）
Flutter 跨平台移动开发实战	董运成
Dart 语言实战——基于 Flutter 框架的程序开发（第 2 版）	亢少军
Dart 语言实战——基于 Angular 框架的 Web 开发	刘仕文
IntelliJ IDEA 软件开发与应用	乔国辉
Vue+Spring Boot 前后端分离开发实战	贾志杰
Vue.js 快速入门与深入实战	杨世文
Vue.js 企业开发实战	千锋教育高教产品研发部
Python 从入门到全栈开发	钱超
Python 全栈开发——基础入门	夏正东
Python 全栈开发——高阶编程	夏正东
Python 全栈开发——数据分析	夏正东
Python 编程与科学计算（微课视频版）	李志远、黄化人、姚明菊 等
Python 游戏编程项目开发实战	李志远
量子人工智能	金贤敏、胡俊杰
Python 人工智能——原理、实践及应用	杨博雄 主编,于营、肖衡、潘玉霞、高华玲、梁志勇 副主编
Python 预测分析与机器学习	王沁晨

书 名	作 者
Python 数据分析实战——从 Excel 轻松入门 Pandas	曾贤志
Python 概率统计	李爽
Python 数据分析从 0 到 1	邓立文、俞心宇、牛瑶
FFmpeg 入门详解——音视频原理及应用	梅会东
FFmpeg 入门详解——SDK 二次开发与直播美颜原理及应用	梅会东
FFmpeg 入门详解——流媒体直播原理及应用	梅会东
FFmpeg 入门详解——命令行与音视频特效原理及应用	梅会东
Python Web 数据分析可视化——基于 Django 框架的开发实战	韩伟、赵盼
Python 玩转数学问题——轻松学习 NumPy、SciPy 和 Matplotlib	张骞
Pandas 通关实战	黄福星
深入浅出 Power Query M 语言	黄福星
深入浅出 DAX——Excel Power Pivot 和 Power BI 高效数据分析	黄福星
云原生开发实践	高尚衡
云计算管理配置与实战	杨昌家
虚拟化 KVM 极速入门	陈涛
虚拟化 KVM 进阶实践	陈涛
边缘计算	方娟、陆帅冰
物联网——嵌入式开发实战	连志安
动手学推荐系统——基于 PyTorch 的算法实现（微课视频版）	於方仁
人工智能算法——原理、技巧及应用	韩龙、张娜、汝洪芳
跟我一起学机器学习	王成、黄晓辉
深度强化学习理论与实践	龙强、章胜
自然语言处理——原理、方法与应用	王志立、雷鹏斌、吴宇凡
TensorFlow 计算机视觉原理与实战	欧阳鹏程、任浩然
计算机视觉——基于 OpenCV 与 TensorFlow 的深度学习方法	余海林、翟中华
深度学习——理论、方法与 PyTorch 实践	翟中华、孟翔宇
HuggingFace 自然语言处理详解——基于 BERT 中文模型的任务实战	李福林
Java+OpenCV 高效入门	姚利民
AR Foundation 增强现实开发实战（ARKit 版）	汪祥春
AR Foundation 增强现实开发实战（ARCore 版）	汪祥春
ARKit 原生开发入门精粹——RealityKit + Swift + SwiftUI	汪祥春
HoloLens 2 开发入门精要——基于 Unity 和 MRTK	汪祥春
巧学易用单片机——从零基础入门到项目实战	王良升
Altium Designer 20 PCB 设计实战（视频微课版）	白军杰
Cadence 高速 PCB 设计——基于手机高阶板的案例分析与实现	李卫国、张彬、林超文
Octave 程序设计	于红博
Octave GUI 开发实战	于红博
ANSYS 19.0 实例详解	李大勇、周宝
ANSYS Workbench 结构有限元分析详解	汤晖
AutoCAD 2022 快速入门、进阶与精通	邵为龙
SolidWorks 2021 快速入门与深入实战	邵为龙
UG NX 1926 快速入门与深入实战	邵为龙
Autodesk Inventor 2022 快速入门与深入实战(微课视频版)	邵为龙
全栈 UI 自动化测试实战	胡胜强、单镜石、李睿
pytest 框架与自动化测试应用	房荔枝、梁丽丽